中国农业大学研究生社会实践系列丛书

教民稼穑：

农博士带你走近科学

——中国农业大学"农博士"教你健康生活

社会实践丛书编委会　编

中国农业出版社

北　京

序

习近平总书记多次指出，当今世界正经历百年未有之大变局，新一轮科技革命和产业变革深入发展，科技创新成为国际战略博弈的主要战场，围绕科技制高点的竞争空前激烈。我们必须保持强烈的忧患意识，做好充分的思想准备和工作准备。大变局必然带来大调整，过去的经验业已证明，科技在人类社会发展中起着重要的推动作用。历史也已经昭示，科技必将会在未来的进程中扮演着越来越重要的角色。

"科技创新、科学普及是实现创新发展的两翼，要把科学普及放在与科技创新同等重要的位置。没有全民科学素质普遍提高，就难以建立起宏大的高素质创新大军，难以实现科技成果快速转化。"习近平总书记高屋建瓴地为高等院校的科学研究和教书育人提出了新使命，新要求。特别是作为服务乡村振兴战略这一历史使命的农业高等院校，既要承担打造强农兴农科技创新平台的重要使命，也要承担培养更多知农爱农新型人才的重要任务，必须将科技创新和科学普及放在同样重要的位置上，通过科学普及发挥出科技创新的最大能量。新时代，只有人民群众的科学素养提高了，创新的土壤才会更加肥沃，人们对科学知识的向往才会更加强烈，社会对创新价值的认知和理解才会更加充分，中华民族伟大复兴才会有更加强大的动力。

一、科普是科学技术通向人类社会的桥梁

"科技创新与科学普及如同鸟之双翼、车之双轮。"人类进步史已雄辩地证明：科学技术是人类进步和社会发展的巨大历史动力。历史上伟大的科技创新，都曾在推动人类文明进步方面做出过巨大贡献。如果将大航海作为世界近现代文明开端的话，那么大航海时代以后的几百年里，人类社会经历的三次科技革命，深刻影响着人类文明的进程。18世纪中叶，英国开启了第一次科技革命的大门，走上了崛起之路。从那时起，一座座工厂拔地而起，一台台机器取代了手工生产，人类迎来了工业化的黎明。不久，人类又迎来了以电气化为主要标志的第二次工业革命，从此告别了黑暗，走向电灯时代。第二次世界大战后，以电子计算机、空间技术和生物工程的发明和应用为主要标志，人类又迎来了第三次科技革命，为社会生产力发展和人类的文明开辟了更为广阔的空间。世界科技发展的实践告诉我们：科技中每一项重大发现和发明都会推动人类经济、文化和社会的发展。科技进步对世界经济、社会发展的影响比过去显得更加强烈。

人类社会发展到今天，每一个国家或民族命运的发展，很大程度上取决于科技创新。实现科技创新需要高水平的科研机构、高水平的科技人

才、高水平的国民科学文化素质，唯有此才能取得高水平的科研成果。国民科学文化素质是科技创新的基础，它若缺位，必将成为无源之水、无本之木，而科学普及正是提高国民科学素质最不可缺少的关键环节。"没有全民科学素质普遍提高，就难以建立起宏大的高素质创新大军，难以实现科技成果快速转化。"习近平总书记的这一重要讲话深刻阐释了科学普及的基础作用。科普活动参与度越高，越有助于科学素质的提升。公众科学素质的提升，必将推动科普事业的水涨船高。两者的良性循环，必定会涵养出科技创新的一片沃土，必定会形成讲科学、爱科学、学科学、用科学的良好氛围，使蕴藏在亿万人民中间的创新能力充分释放、创新力量充分涌流。

二、科普拉近群众与科学知识之间的距离

前沿科技创新或许只是少数科学家的努力成果，但绝不是智慧的"私藏品"。他们往往会以通俗易懂的方式把成果传播给公众，让世人理解并欣赏科技创新的乐趣。霍金以《时间简史》《果壳中的宇宙》等著作闻名于世，这些作品既是专业书籍，同时也是科普读物。他的专业性确保了科普读物的科学性，他的权威性提升了读者对科普读物的认可度。霍金的研究带给阅读者更多的启迪，从而引发了全世界人民对前沿学科的浓厚兴趣。新中国成立以来，我国涌现出一批优秀科普读物，《生命进行曲》和《揭开遗传变异的秘密》，还有曾荣获国家科学技术进步奖的《中国儿童百科全书》，这些都是令人鼓舞的科普创作成就。如果我们把科技创新比作建设科技强国的"尖兵"。那么，科普就是夯实科学基础的"利器"。知识基

础越宽广、越牢固，创新的"通天塔"才能更高、更美丽。科技创新和科学普及，只有两翼齐飞，才能播下创新的种子，才能释放创新的力量。

航空航天、海洋工程、生命奥秘、能源动力……近年来，科技发展让人眼花缭乱、应接不暇。可当我们想理解它们时，却很难找到权威而又通俗的阐述，专业色彩很浓的概念和公式总让人感觉云山雾罩。如果缺少对科技前沿的深刻理解，就可能误判形势和方向，因此有价值且通俗易懂的科技知识尤为重要。应该说，科普是一门大学问，世界上很多著名科学家同时也是优秀的科普作家。他们能够用通俗易懂的语言、生动形象的比喻，讲解枯燥抽象的原理、专业深奥的知识，内容深入浅出，赢得社会认同。譬如，我国伟大的数学家、中科院院士华罗庚创作的《从祖冲之的圆周率谈起》，至今为人们津津乐道。人们可以从书中感受到研究的智慧与精神，深刻领会到科学世界的奥秘。此外，各种形式的农民科技培训和科技下乡活动，在丰富农民精神文化生活的同时，提高了农民的文化技术素质和劳动技能。

三、科普是弘扬科学思想与科学精神的途径

"新时代，农村是充满希望的田野，是干事创业的广阔舞台，我国高等农林教育大有可为。"习近平总书记在给全国涉农高校广大师生的回信中，希望农林高校"以立德树人为根本，以强农兴农为己任，拿出更多科技成果，培养更多知农爱农新型人才，为推进农业农村现代化、确保国家粮食安全、提高亿万农民生活水平和思想道德素质"。因此，只有深入开展知农爱农的通识教育，才能培养学生对"三农"问题的深厚感情，才能

教育学生把普及科学知识、弘扬科学精神、传播科学思想、倡导科学方法作为义不容辞的责任，才能锻炼学生开展接地气的科学研究，才能真正将论文写在祖国的大地上。

2021年习总书记在中国科学院第二十次院士大会、中国工程院第十五次院士大会、中国科协第十次全国代表大会上的讲话中指出，"高水平研究型大学要把发展科技第一生产力、培养人才第一资源、增强创新第一动力更好结合起来，发挥基础研究深厚、学科交叉融合的优势，成为基础研究的主力军和重大科技突破的生力军。要强化研究型大学建设同国家战略目标、战略任务的对接，加强基础前沿探索和关键技术突破，努力构建中国特色、中国风格、中国气派的学科体系、学术体系、话语体系，为培养更多杰出人才作出贡献。"培养科技创新人才，让更多的青少年心怀科学梦想、树立创新志向是高校的重要使命。

一直以来，中国农业大学以国家脱贫攻坚与乡村振兴战略为导向，积极创新人才培养模式，鼓励年轻人大胆创新、勇于创新，为乡村振兴战略如期完成贡献农科学子独有的力量。近些年逐渐形成了以"农博士在线""农博士在身边""百名博士老区行"等为主体的服务平台。通过这些平台，为农业转型发展献言献策，为"三农"发展提供智力支持。特别是创新建立了形式多样、符合大众需求的科学知识宣传模式，"农博士在身边"微信公众号至今共推送近300篇原创科普文章。公众号结合学校学科特色，对具有导向示范性的农业政策、饮食科普、科技服务等原创内容进行推送，文章作者均来自研究生。面对突如其来的疫情，"农博士在身边"

更是积极创新，结合疫情期间的实际情况，创新推出"农博士微课堂"专栏，拓宽"农博士在线"服务渠道，通过"云科技"解决农业生产科技难题，推动了正能量网络文化成果的广泛传播，释放出强大的正能量。这一大胆创新，在推动农业生产、农民增收以及农村转型等方面发挥了重要的作用。

"弘扬科学精神，普及科学知识"——党的十九大报告再次就科学普及提出要求。科学素质的提升不仅仅关乎科技创新，更是公民精神文化的追求。孟子曾说，"后稷教民稼穑，树艺五谷；五谷熟，而民人育。"如今的农大学子"位卑不敢忘忧国"，以"解民生之多艰"为使命的我们，愿意以所学所知帮助农民增收，促进农村发展，是以取"教民稼穑"之名。

当前，正是我们"两个一百年"奋斗目标的历史交汇期，在全面建设社会主义现代化国家的新征程中，科学普及任重道远，相信青年学子也会发挥更大的、更积极的作用。

目 录

上篇　妙言妙招：农博士在身边

上篇 妙言妙招：农博士在身边

中篇　云上科普：农博士微课堂

下篇　在线解惑：农博士热线

下篇　在线解惑：农博士热线

下篇　在线解惑：农博士热线

上篇

妙言妙招：农博士在身边

上

上

上篇 妙言妙招：农博士在身边

快问快答：如何检测新冠肺炎

程　楠

新冠肺炎疫情的突然暴发改变了很多人的生活轨迹，一些人甚至失去了生命。我国政府为控制疫情出台了多项政策，其中，国家卫生健康委多次对《新型冠状病毒肺炎诊疗方案》进行修改，一次次修订体现了国家向科学要答案、要方法的坚持。下面，农博士就针对"诊"这个环节，以快问快答的方式带大家解读：如何检测新冠肺炎？

问：什么是新冠肺炎（COVID-19）？

答："新冠肺炎"是"新型冠状病毒肺炎"的简称，英文"COVID-19"是"CORONAVIRUS DISEASE 2019"的简称，表示受到2019新型冠状病毒感染导致的肺炎。

问：什么是"疑似病例"和"确诊病例"？

答："疑似病例"需符合以下临床表现：

发热和/或呼吸道症状；

具有新型冠状病毒肺炎影像学特征；

发病早期白细胞总数正常或降低，淋巴细胞计数减少。

注：有流行病学史需符合以上任意2条；无明确流行病学史需符合以上3条。

"确诊病例"需有病原学证据阳性结果：

1. 实时荧光RT-PCR检测新型冠状病毒核酸阳性；

2. 病毒基因测序，与已知的新型冠状病毒高度同源；

3. 血清新型冠状病毒特异性IgM抗体和IgG抗体阳性；血清新型冠状病毒特异性IgG抗体由阴性转为阳性或恢复期较急性期4倍及以上升高。

问：什么是"发热"？

答：在新冠肺炎疫情期间，人体温度平静状态下超过37.3℃，可以判断为"发热"；若体温超过38℃，需前往发热门诊。事实上，人体体温的正常范围会因测试部位不同而略有不同，国际公认的成年人参考数值为口腔36.4～37.6℃，直肠37.0～38.1℃，腋窝35.2～36.9℃，耳朵35.9～37.6℃。在医学上，根据人体体温统计

样本结果常以口腔温度是否超过37.3℃作为发热数值。但是，口腔温度检测多有不便，所以在不同的测试场合也需要因地制宜、采用不同特点的体温检测仪器对不同的部位进行检测。其中，"水银体温计"和"电子测温计"具备温度波动小、性价比高的特点，可测量口腔、腋窝和直肠温度，通常适用于家庭和医院使用。"额温枪"是根据人体发射的红外线辐射能来测定体温的，具备测量快速、便捷、无身体接触等优点，但受外部环境影响较大，最好测量被衣服覆盖的部位，并多次测量后取平均值以提高准确性，适合于人流量大的小区、商超、地铁等公共场所使用。"红外热像仪"利用红外探测器和光学成像物镜，将人体发出的不可见红外能量转变为可见的热图像，体温筛查时无需一一检测，可直接发现人群中体温异常者，适用于人员密集的机场、火车站等交通枢纽使用。

问：什么是"呼吸道症状"？

答：新冠肺炎感染者的"呼吸道症状"主要以干咳为主，通常无需专用仪器进行检测。古人云，有声无痰为咳，有痰无声为嗽，有痰有声为咳嗽。新冠肺炎感染者的干咳多指无痰咳嗽，与有痰的湿咳相对。除新冠肺炎外，能够引起咳嗽的原因非常多，如普通感冒、流行性感冒、咽炎等呼吸道疾病、胃食管反流病、耳鼻咽喉疾病等。因此，在疫情期间不必仅凭几声咳嗽就引起过度恐慌。

问：什么是"肺炎影像学特征"？

答：新冠肺炎感染者的"肺炎影像学特征"表现为早期呈现多发小斑片影及间质改变，以肺外带明显，进而发展为双肺多发磨玻璃影、浸润影，严重者可出现肺实变，甚至"白肺"，胸腔积液少见。检测方法通常为肺部CT，也称胸片，是电子计算机X线断层扫描技术的简称。它的原理是计算机轴向断层扫描（CAT）中的扫描仪产生X光并分层穿过人体，在人体另一侧的胶片上成像，之后还可以通过电脑计算后二次成像提供更丰度的影像学信息。通常，一位新冠肺炎病人的CT影像大概在300张左右，医生对一个病例的CT影像肉眼分析耗时大约为5～15分钟。为了缓解医生临床诊断的压力，近期阿里达摩院联合阿里云研发了一套全新AI诊断技术，可以在20秒内对CT影像做出判读，发挥了人工智能在临床医学中的应用价值。此外，必须要强调的是，肺炎有很多病因，包括流感病毒导致的肺炎也会呈现类似的影像学特征，所以千万不能仅凭肺部CT来判断是否为新冠肺炎。

问：什么是"白细胞总数"和"淋巴细胞计数"？

答："白细胞总数"是被测血液中各种白细胞的总数，包括粒细胞、淋巴细胞和单核细胞三大类，其中粒细胞又分为中性分叶核粒细胞、中性杆状核粒细胞、嗜酸性粒细胞和嗜碱性粒细胞，主要功能是作为人体与疾病斗争的"卫士"。"淋巴细胞计数"指被测血液中的淋巴细胞数量，包括T细胞（胸腺Thymus输出）和B细胞（骨髓Bone Marrow输出）两类，主要参与机体的特异性免疫应答反应。对上述两个指标进行检测时，检测标本为人体外周血，临床上通常采用全自动血常规分析仪进行血常规测试，以观察血细胞的数量变化及形态分布，并进一步判断血液状况及筛查疾病，有着精度高、速度快、易操作等优势，自发明半个世纪以来已成为医院临床检验应用非常广泛的仪器之一。

问：什么是"核酸阳性"？

答：新型冠状病毒作为一种核酸为RNA的病毒，所谓"核酸阳性"即患者的鼻咽拭子、痰和其他下呼吸道分泌物、血液、粪便等标本中存在可被检测到的新冠状病毒的核酸。检测方法为实时荧光RT-PCR技术，其中RT为实时（Real-time）的缩写，PCR是聚合酶链式反应（Polymerase Chain Reaction）的缩写，该技术是在PCR

进行的同时可以对其过程进行实时监测。从操作步骤来看，对其进行RT-PCR核酸检测时需要先将RNA从标本中提取出来，用逆转录酶把RNA序列转换成互补cDNA分子，然后利用这些互补cDNA分子、热稳定性DNA聚合酶和热循环，从而将cDNA模板内的特异性序列扩增数千至数百万倍，并在每次循环结束后通过荧光染料或荧光探针实时检测DNA的量，最终通过绘制荧光与循环数曲线生成扩增曲线，整套检测过程总共需要时间约6～8小时。核酸检测作为反映新型冠状病毒存在性的最直接手段，是确诊新冠肺炎的"金标准"，但是由于核酸检测技术还没有完善，许多人对核酸检测"假阴性"充满疑惑。从科学角度看，核酸检测出现"假阴性"是不可避免的，要想尽可能减少"假阴性"，除了保障试剂盒的质量以外，还需要重点关注标本是否及时正确采集、人员操作是否严格遵守操作规程等环节。为了提高核酸检测阳性率，新型冠状病毒肺炎诊疗方案（试行第七版）强调，检测下呼吸道标本（痰或气道抽取物）更加准确，标本采集后尽快送检。此外，开发和评估更为准确、快速、有效的检测方法与试剂，对于控

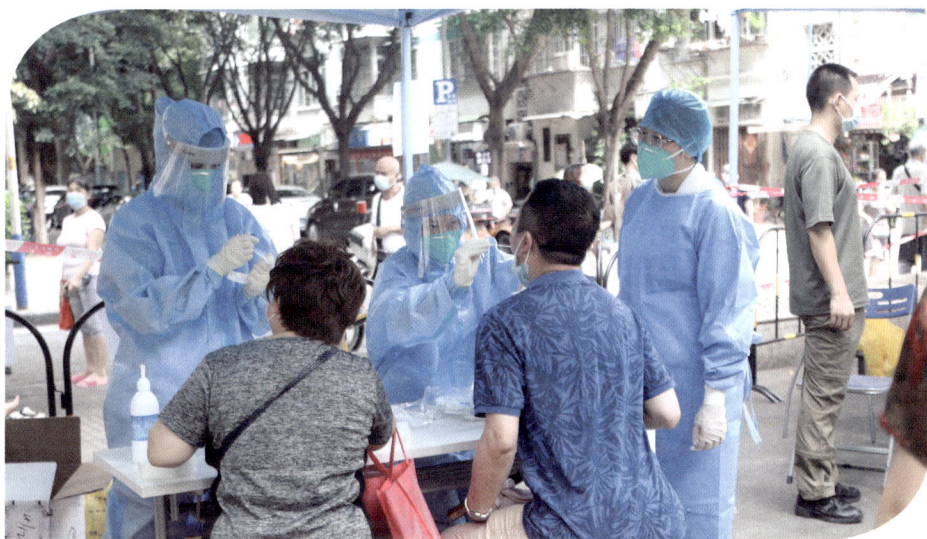

制疫情、减少死亡和消除疑惑也至关重要。

问：什么是"与已知的新型冠状病毒高度同源"？

答：新冠病毒基因组全序列由复旦大学、上海市公共卫生临床中心提交至 NCBI GenBank 数据库，共有 29 903 个碱基 10 个基因，属于冠状病毒家族 β 属。新冠肺炎感染者的标本中是否存在"与已知的新型冠状病毒高度同源"的序列，需要采用病毒基因测序技术进行检测，通过测序平台分析样本中的碱基序列，也就是腺嘌呤（A）、胸腺嘧啶（T）、胞嘧啶（C）与鸟嘌呤（G）的排列方式，进而通过生物信息学分析判断是否与已知的新型冠状病毒高度同源。临床上，通常采用二代测序（Next Generation Sequencing，NGS）方法，也称高通量测序方法，基于边合成边测序或边连接边测序的原理，具有通量大、精确度高和信息量丰富等优点，可以在较短时间内对新型冠状病毒基因进行精确检测。对于现代基因测序技术而言，测序与生物信息学比对都不是难事，此外还可以通过测序技术开展演化生物学研究，以了解病毒的演化路径，对回答新型冠状病毒从何而来、以何种途径入侵人体、首先从哪里暴发等关键问题提供重要依据。

问：什么是"IgM 抗体和 IgG 抗体阳性"？

答："IgM 抗体和 IgG 抗体阳性"就是在血清检测时存在新冠病毒的免疫球蛋白 M 和免疫球蛋白 G。IgM 抗体是人在初次感染新冠病毒时产生的抗体，属于人体的固有免疫阶段，在感染一周内达到峰值，在感染 1～2 个月后消失。IgG 抗体的产生意味着人体进入特异性免疫阶段，产生的是新冠病毒的特异性抗体，一般会在感染几周后出现，但在人体内维持时间长，甚至可以存在体内一生。血清学 IgM 抗体和 IgG 抗体检测对发热病人进行快速初筛，可提高疑似病例确诊率。如针对无症状人群大规模筛查，通过检测 IgM 抗体和 IgG 抗体有利于早期检出，是核酸检测的一个互补。

参考资料

　　本报记者.关于新型冠状病毒感染的肺炎你应该知道的99条科学信息[N].人民日报，2020-01-30.

　　本报记者.疫情期间咳嗽莫怕，三问自测是否感染新冠肺炎[N].北京日报，2020-03-03.

　　本刊编辑.关于热像仪测体温，你想知道的都在这里[J].电子产品世界，2020（2）.网址见：http://www.eepw.com.cn/article/202002/409883.htm.

　　樊绮诗，等.第二代测序技术在肿瘤诊疗中的应用及其价值与风险[J].检验医学，2017（4）.

　　国家卫生健康委.新型冠状病毒肺炎诊疗方案——试行第七版[EB/OL].中国政府网，http://www.gov.cn/zhengce/zhengceku/2020-03/04/content_5486705.htm.

　　看看新闻KNEWS.阿里云AI诊断新技术：新冠肺炎CT影像识别准确率96%[EB/OL].新浪网，http://k.sina.com.cn/article_6145283913_m16e49974902000zo9c.html.

　　网站记者.明明是额温枪，为啥测手腕？体温忽高忽低正常吗？[EB/OL].搜狐网，https://www.sohu.com/a/375370802_819905.

　　网站记者.血细胞分析仪50年的发展历史和展望[EB/OL].https://www.doc88.com/p-6611128262446.html.

　　网站记者.也谈新型冠状病毒核酸检测"假阴性"[EB/OL].搜狐网，https://www.sohu.com/a/379861948_120554400.

爱有距离：谈一谈可怕的人畜共患病

陈登金

人类在这个地球上不是孤单的，一些可爱的动物与我们朝夕相处，我们视他们为家人。但是，随着新冠肺炎、SARS、埃博拉、禽流感等疫病突破了物种的屏障，实现跨物种传播，对人类健康造成了巨大威胁，我们突然发现，原来并不是所有的"邻居"都是可爱的，他们有时甚至很可怕。实际上，这种可怕的人畜共患病并不需要"谈虎色变"，人类只要尊重自然，尊重生命，就能有效减少人畜共患病的发生。

1. 什么是人畜共患病

人畜共患病是自然界和人类社会非常重要的一类传染病，由同一

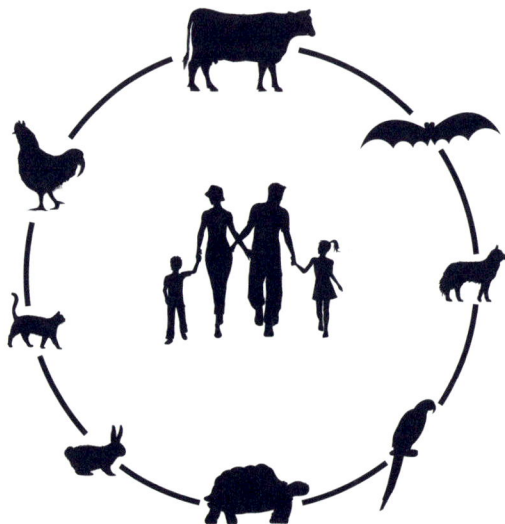

种病毒或细菌等病原体引起，流行病学上互相关联，在动物和人之间自然传播。目前，新的人畜共患病不断出现，人畜共患病的防控形势更加严峻。

人畜共患病可以从其病原、宿主、流行病学或病原的生活史等角度而有多种分类。部分疾病，如狂犬病，会零星发生，但对感染者来说往往是致命的；有些疾病，如新冠肺炎则在全球范围内广泛传播，造成大流行病；而有些则是反复发作，每隔一段时间就会以变异的形式重新出现，如流感。

2. 人畜共患病的感染来源

我们可能永远不会知道某些人畜共患病发生的确切时间和地点，但是一般认为野生动物与家畜是大多数人畜共患疾病的感染来源。动物是人类疾病发生、传播必不可少的环节，病原突破物种屏障，使动物和人类对病原都具有易感性。

野生动物会携带大量人畜共患病病毒，如蝙蝠一般被认为是SARS病毒、MERS病毒、埃博拉病毒的自然宿主，狩猎、屠宰和野生动物肉类交易等活动都会带来接触病原体的风险。

相对于野生动物，人类与家畜接触的频率则要高得多，这为疾病的传播创造了大量机会。例如家禽就可以传播禽流感，肉类食品上的沙门氏菌和弯曲杆菌等细菌也会引起食物中毒。

3. 人畜如何实现了跨物种传播

尽管不同病毒物种间传播具体情况有所不同，但病毒跨物种传播一般要具备两个必要的条件：病毒进入细胞并在细胞内进行有效复制。

人畜共患病病毒大多感染动物，如蝙蝠、禽类、猪等，在动物宿主体内经过一段时间的增殖，偶尔会发生基因变异或重组，获得识别人类细胞表面蛋白受体的能力，造成跨物种传播。

大多数感染人类的冠状病毒似乎都能与哺乳动物细胞上的特定受体结合。这些受体蛋白广泛存在于人体呼吸道上皮细胞，很容易成为病毒的攻击目标。

4.如何有效预防人畜共患病

（1）注意日常卫生安全。皮肤有伤口应尽量避免接触生肉和动物，生肉与熟食加工时应分开，肉制品要煮熟煮透才可食用。

（2）及时隔离与检查治疗。个人如果感觉不适，应积极就医，如果自己接触到可能的人畜共患病，要及时上报并进行自我隔离，积极配合检查。

（3）野生动物源头预防。杜绝野生动物消费，减少对野生动物的侵害，避免对野生动物栖息地的侵扰。实现人类与野生动物、自然环境的和谐相处。

参考资料

Carly G.K. Ziegler, Samuel J. Allon, Sarah K. Nyquist, et al.SARS-CoV-2 Receptor ACE2 Is an Interferon-stimulated Gene in Human Airway Epithelial Cells and Is Detected in Specific Cell Subsets across Issues[J]. DOI:https://doi.org/10.1016/j.cell.2020.04.035.

Markus Hoffmann, Hannah Kleine-Weber, Simon Schroeder, et al. SARS-CoV-2 Cell Entry Depends on ACE2 and TMPRSS2 and Is Blocked by a Clinically-proven Protease Inhibitor[J].DOI: 10.1016/j.cell. 2020.02.052.

保护"二师兄"：猪场疫病混合感染的应对

陈登金

近年来，由于引种、畜产品市场流通异常频繁，导致动物疫病增加，老病新发，新病暴发。猪肉作为我国百姓生活需求最旺盛的必需品之一，需求量长期居高不下。但是，由于管理不善，猪场中常常出现一场多疫、一畜多病的现象。猪场动物疫病已经成为影响目前生猪生产发展的主要因素。我们应该如何来应对呢？

在临床上，部分丙型肝炎病毒阳性患者携带乙型肝炎抗原阳性，艾滋病病毒患者同时存在乙型肝炎病毒的感染，2019年底突如其来的新冠肺炎导致的死亡病人大多数也是伴有其他基础性疾病。其实不论是在人医临床还是兽医临床中，病原体的混合感染现象越来越普遍。特别是一些能引起机体免疫抑制疾病的病毒常常引发其他病毒、细菌同时感染或继发感染，导致临床上病情复杂，呈现多样性及变异性。

1.多种病毒疾病同时存在

以蓝耳病、圆环病、猪瘟各种免疫抑制性病毒的混合感染在猪群中很普遍，常常导致以断奶仔猪多系统衰竭综合征、母猪繁殖障碍综合征为代表的疫病，而且症状越来越不典型，给疫病确诊防治带来极大的挑战。

2.病毒与细菌共同感染

蓝耳病病毒主要在肺泡巨噬细胞等免疫相关细胞系中复制，导致猪体免疫力下降，很容易继发性感染猪链球菌、副猪嗜血杆菌、胸膜肺炎放线杆菌和沙门氏菌等病原，使患病猪的临床症状加重，死亡率增加。细菌的继发感染或与病毒的混合感染，可以加剧动物疫情的恶化，加快疾病传播。

2018年开始暴发的"非洲猪瘟"给我国的生猪产业带来了极大的破坏，给大部分养殖户造成了巨大的经济损失，基于目前仍无有效疫苗和药物防控非洲猪瘟，不少猪场管理者在猪群出现波动时第一反应就是往非洲猪瘟靠。其实对于生物安全措施到位且猪群较稳定的猪场，应结合临床症状与检测做出合理的判断。当前蓝耳病、圆环病毒病和多种细菌病混合感染仍是猪场的常见病，对于猪场而言应该做好：

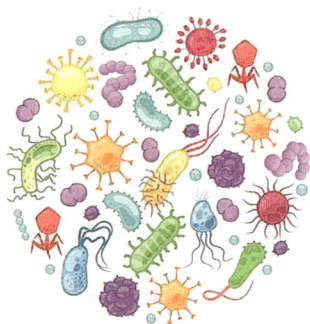

（1）生物安全措施：抓好猪场的生物安全，采取包括隔离、消毒、除鼠等在内的综合措施。

（2）免疫接种措施：制订个性化的免疫方案，做好猪瘟和伪狂犬免疫基础的同时，加强蓝耳病的免疫。

（3）疫病监测措施：注意周围疫病流行情况，采取敏感性好、特异性高的检测手段进行猪场疫病排查。

（4）其他辅助措施：包括使用长效抗生素控制继发感染，辅以适当的药物保健等。

总之，只要提前预防，合理应对，就能够很大程度上有效降低死亡率、大幅度提高生产效率！

参考资料

王小敏,何孔旺,张文文,等.猪圆环病毒 2 型和猪繁殖与呼吸综合征病毒混合感染的流行病学调查[J].华北农学报,2012,27(S1):390-394.

Chen N, et al. Co-infection Status of Classical Swine Fever virus (CSFV), Porcine Reproductive and Respiratory Syndrome virus (PRRSV) and Porcine Circoviruses (PCV2 and PCV3) in Eight Regions of China from 2016 to 2018[J]. Infection, Genetics and Evolution, 2019, 68: 127-135.

Sonakshi Bhattacharjee, Raquel Mejías-Luque, et al. Concomitant Infection of S. Mansoni and H. Pylori Promotes Promiscuity of Antigen-experienced Cells and Primes the Liver for a Lower Fibrotic Response[J]. Cell Reports, 2019，28 (1): 231 doi 10.1016/j.celrep.2019.05.108.

谈"布"色变，扒一扒布病那些事

郭思凡

近些年随着人们生活水平的不断提高，人们对健康也越来越重视。同时，人们发现，世间忽然间出现了许多闻所未闻的疾病，甚至一些业已消失的疫病，如鼠疫又死灰复燃了。一些新的疫病更是令人防不胜防，布病就是其中的一种。但是对于究竟什么是布病，能做到可防可控吗，很多人却并不清楚。下面，我们来扒一扒布病那些事。

1.布病履历

布鲁氏菌病，简称布病，也称波状热，是布氏杆菌引起的急性或慢性传染病，属自然疫源性疾病，临床上主要表现为病情轻重不一的发热、多汗、关节痛等，是人和牛、羊、猪等动物共患的传染病，也是国家法定检疫－扑杀被感染家畜的三大疫病之一。近年来布病呈不断上升的流行趋势，不仅给畜牧业造成了重大经济损失，而且严重威胁人类健康，引发严重的公共卫生问题。

布氏杆菌是一种革兰氏阴性的短小杆菌。初次分离时，大多呈现球状、卵圆形或球杆状，传代培养后渐成短小杆状菌体，不形成芽胞，无鞭毛。

布氏杆菌在死畜的脏器中或病畜的排泄物及分泌物中能生存4个月左右。在自然环境中生存能力较强，对常用化学消毒剂较为敏感，在日光下暴晒10～20分钟可杀死此菌。

2.流行病学

对于布病，流行病学的三要素分析至关重要，唯有了解清楚，才能更好地制定管控方案。

传染源
· 活体动物：乳汁、流产、正常分娩
· 屠宰动物：巨噬细胞、网状内皮系统

传播途径
· 直接接触（消化道、呼吸道、眼结膜、皮肤等）
· 环境中存在携带者（土壤、水、饲料等）

易感动物
· 多种家畜和野生动物，超过60种动物可感染
· 主要为牛、羊、猪
· 鹿、犬、小白鼠、家兔等也敏感

3.防控措施

国家层面应严格遵守动物布病防控技术规范，并从基线调查、日常监测、免疫接种、移动控制、报告、扑杀与无害化、宣传及其他方面着手进行布病的防控。下面主要来谈一谈我们该怎么做，应注意哪些问题。

兽医工作者在牧场中工作时要按国家相关规定及要求进行操作，做好防护措施。此外，犬也有发病的可能性，尤其是犬对布鲁氏菌有较高的易感性，感染率可达26.7%，所以在动物医院或犬场工作的兽医也不能掉以轻心。狗场主要是由小猎犬种布氏菌引起，散养犬的布病主要是由牛种、猪种和羊种布鲁氏菌感染引起（多为隐性感染、呈散发性，部分犬出现淋巴结较轻度肿大、多发性关节炎、腱鞘炎，少数出现发热症状）。一定要提高意识多留心细节，做好防护，及时上报。

普通民众不要随便近距离亲密地与牛羊等家畜接触，如必须接触时要做好防护并及时杀菌；不喝生奶，对于未经检疫或来路不明的牛羊肉、病死畜的肉坚决不买不吃不接触；牛羊肉要彻底做熟，厨房操作时要生熟分开，生肉案板要及时清洗杀菌；此外，胎盘是病畜带菌最多的部位，要慎吃胎盘。

4.诊断及治疗

当怀疑自己得了布病或者出现发热、出汗、乏力、关节肌肉疼痛等类似布病症状时，千万不要惊慌，应及时到定点医院进行诊断，如虎红平板凝集试验、试管凝集试验、补体结合试验等，确诊后及时治疗。

布鲁氏菌感染是有药可治的，而且细菌的治疗相对来说比病毒还要好办一些，治疗通常可以用多西环素合用利福平或链霉素，其他一些抗菌药物也可以选用。此外还可以联合中药：宣痹汤、益气化湿养血汤进行治疗。研究表明，宣痹汤具有很好的抗炎、解热作用，能麻痹骨骼肌，镇痛，可调整免疫功能、改善微循环。连翘、栀子也有抗菌作用。

布病死亡率并不高（≤2%），引起死亡的原因一般是细菌导致的心内膜炎。经过及时治疗，大多数患者可在2～3周痊愈，不过复发率也较高，所以一定要定期进行复查。

近年来布病呈不断上升的流行趋势并带来了一系列的问题，但比起过度恐慌，我们更应该做的是沉住气，了解它，重视它，提高安全防范意识，做好防范措施！

参考资料

高莎莎.布鲁氏菌病实验室诊断方法的研究进展[J].山东畜牧兽医,2019,40(9):69-73.

黎舒，陈秋兰，殷文武，李昱，牟笛，李中杰.2013—2018年全国布鲁氏菌病诊断现状分析[J/OL].疾病监测：1-7[2019-12-20].

梁世彦.布病流行特点及综合防治措施[J].中国畜禽种业,2016(11):46-47.

刘瑾，刘爱军，幕卫东.多西环素联合复方磺胺甲恶唑治疗急性期布鲁氏菌病的疗效观察[J].检验医学与临床，2019，16(22)：3376-3378.

田同考.中西药合用治疗布鲁氏菌病疗效观察[J].实用中医药杂志，2019，35(11)：1352-1353.

秦洁.益气化湿养血汤辅助治疗对慢性布鲁氏菌病患者血清炎性因子的影响[J].广西医科大学学报，2019，36(9)：1461-1464.

九条命的猫，猫传染性腹膜炎的诊断

白 玉

可爱的猫咪软软酥酥的声音会慰藉我们的心灵，是人类最忠诚的朋友之一。但是它们跟人类一样，也会患上各种疾病，有些病甚至是致命的，猫传染性腹膜炎病就是其中的一种。作为一名"铲屎官"，我们需要冷静地对待"猫主子"的不适，为它们创造最好的生存环境，减少疾病的发生。

1.什么是猫传染性腹膜炎病

猫传染性腹膜炎是由猫传染性腹膜炎病毒感染导致的一种急性且高致死率传染病。所有猫咪均易感，尤其是群聚饲养的猫咪易感该病，猫咪患病后死亡率极高，严重危害猫咪健康。

2.患病猫咪会有哪些表现

如果在饲养过程中发现猫咪背毛凌乱，食欲明显减退，体温升至40℃以上，并且腹部膨大，仿佛腹腔中有大量腹水，猫咪主人就要警惕自己的爱猫是否患有该病，建议主人及时带自己的爱猫去宠物医院就诊。

3.诊断方法

该病比较严重，宠物医生需要做多项检查，然后依据多项检查结果综合判断才能确诊猫咪是否患有该病，主要包括临床诊断和实验室诊断，具体如下：

（1）临床诊断：患病猫咪常表现为背毛凌乱，食欲减退，体温升至40.1℃，较为典型的临床症状为腹部膨大，触诊腹部有明显的水样波动感，采集的腹水呈现淡黄色，因蛋白含量较高导致腹水较黏稠，摇晃时易出现泡沫，静置后可凝固。

（2）实验室检查：血液生化检查：患病猫咪通常白蛋白偏低，提示可能有腹水。

C-反应蛋白检查：患病猫咪的血液中血清淀粉样蛋白A通常显著增高，提示有炎症反应。

血常规检查：患病猫咪的淋巴细胞含量偏低，而中性粒细胞含量偏高，提示可能患传染性腹膜炎。

腹腔李凡他实验检测：患病猫咪的李凡他实验结果阳性，提示为腹腔渗出液。

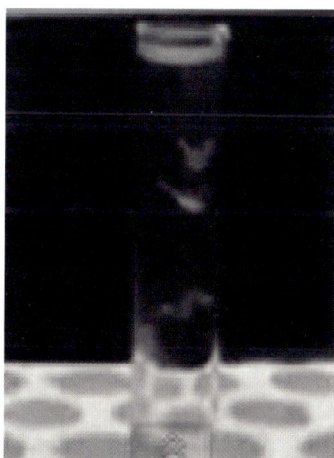

患病猫咪李凡他实验图

影像学检查：病猫通常腹部膨大，腹腔中各器官界限模糊，结肠内有少量宿便及气体，结合其他检查结果推断腹腔可能有腹水。

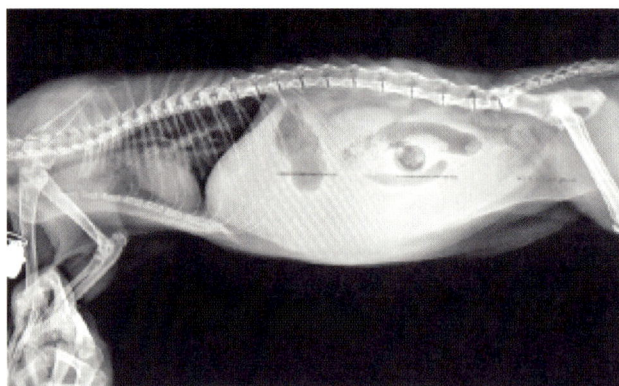

患病猫咪影像学图片

分子生物学诊断：通过PCR检测并将产物进行碱基测序分析，可以特异性确诊猫咪是否患有传染性腹膜炎。

4.治疗方案

该病没有明确的治愈方案，通常使用抗菌素＋抗癌药物＋免疫抑制剂等联合用药治疗患病猫咪，但效果并不乐观。目前有两种商品化特异性的抗猫传染性腹膜炎病毒的药物——GC376和GS441524，两种药剂都没有明显副作用，但价格较高，而且治疗率都仅为50%左右。

5.预防措施

由于该病死亡率极高，治疗效果不乐观以及特异性抗病毒药价格昂贵，所以对于该病还是以预防为主。预防措施包括：给予猫咪干净整洁的生活环境，不让爱猫接触野猫，制定合理饮食方案，健康猫咪要及时与患病猫咪隔离，并且对环境彻底清洁消毒等。

参考资料

陈若，刘彩霞，马玉芳.三例疑似猫传染性腹膜炎的诊断 [J].福建畜牧兽医，2019，41（5）：63-66.

李红，陆娜云，周雪雪，等.一例猫传染性腹膜炎的诊断 [J].上海畜牧兽医通讯，2020（1）：55-56.

陶巍夫，叶永梦，倪宏波.1例猫传染性腹膜炎的诊治体会 [J].江西畜牧兽医杂志，2018（6）：62-65.

王丹，黄坚，岳华，张斌.猫传染性腹膜炎诊断 [J].四川畜牧兽医，2020，47（3）：45.

张翠翠.猫传染性腹膜炎诊断与治疗 [J].畜牧兽医科学（电子版），2020（1）：117-118.

本文图片主要引自：李红、陆娜云、周雪雪等著《一例猫传染性腹膜炎的诊断》一文，在此表示衷心感谢。

"牛魔王"的结核病：它会传染人吗

董玉慧

结核病是一种古老的疾病，许多历史名人因为感染肺结核而丧命，如钢琴作曲家肖邦、文学家鲁迅、建筑学家林徽因等。很多人对结核病"早闻其名"，这种病不是人类的"专利"，壮实憨厚的牛也会患上。那么牛结核病会传染人吗？让我们一起揭晓答案吧！

1.什么是牛结核病

牛结核病是由牛分枝杆菌和结核分枝杆菌引起的一种人畜共患的慢性消耗性传染病。其中，结核分枝杆菌是人结核病的主要病原，而牛分枝杆菌也是人结核病的重要病原。所以牛结核病作为重要的人畜共患病，是会传染给人的。牛分枝杆菌不仅可以感染人类，同时可感染几乎所有的哺乳动物，被感染的动物会出现咳嗽等症状，严重者甚至会死亡。牛结核病对人类健康以及畜牧业生产都存在严重威胁。

2.牛结核病的临床症状

牛经常发生肺结核，病畜表现为日渐消瘦、贫血，随后咳嗽加重，病势恶化可发生全身性结核。

3.牛结核病怎么传染给人

最常见的传染途径是病菌随结核病牛咳嗽、喷嚏而排出体外，健康人吸入后即可感染。另外，健康人也可以通过吸入含菌气溶胶或食用受污染的乳制品被感染。

4. 如何防范

（1）接种疫苗。卡介苗是由减毒牛结核杆菌悬浮液制成的活菌苗，卡介苗接种能有效预防和减少儿童结核病。

（2）做好防护。与结核病牛或疑似病牛接触时，应穿戴口罩、手套等防护用品。

（3）不饮用未消毒牛奶。很多人不直接与结核病牛接触，但是，当饮用未消毒的带菌牛奶时也可引起感染，因此我们要选择经过安全检疫的牛奶，而不要直接饮用生鲜奶。

（4）加强营养，注意卫生，加强锻炼，增强体质。

参考资料

Davies P. Tuberculosis in Humans and Animals: Are We a Threat to Each Other[J]. JRSM,2006,99(10):539−540.

Mignard S, Pichat C, Carret G. Mycobacterium Bovis Infection[J]. Lyon, France. Emerg Infect Dis, 2006,12(9):1431−1433.

Vayr F, Martin−Blondel G, Savall F, et al. Occupational Exposure to Human Mycobacterium Bovis Infection: A Systematic Review[J]. Plos Neglected Tropical Diseases, 2018, 12(1): e0006208.

远离病毒库：正确认识蝙蝠的善与恶

黄　驿

　　提到蝙蝠你会想到什么？是勇敢的蝙蝠侠，还是恐怖的吸血鬼，抑或是万恶的病毒库。作为目前世界上唯一会飞行的哺乳动物，蝙蝠超过1 300个种类，总数占哺乳动物总数的20%，是除人类之外分布最广的哺乳动物。但是，这个善于在黑暗中飞行的精灵有时却很可怕……

　　蝙蝠携带人兽共患病病毒的数量超过绝大多数动物，其中臭名昭著的埃博拉病毒、狂犬病病毒、尼帕病毒、MERS病毒、SARS病毒等给人类社会带来巨大灾难的疫病的自然宿主都是蝙蝠。对于蝙蝠是病毒库，我们也许会提出如下问题：

蝙蝠为什么会携带这么多病毒？这些病毒为什么会传给人类？为什么蝙蝠携带这么多病毒而自己却好好的？答案是这样的：

（1）大多数蝙蝠偏爱群居，它们往往生活在密闭的空间里，这就使得病毒在个体及种群间广泛传播；蝙蝠会飞行，分布广，通过飞行，可以四处传播病毒；蝙蝠寿命普遍较长，最高可达40多年。

（2）我们人类自身也存在着严重问题，比如因生产生活需要而过度侵占蝙蝠栖息地、食用蝙蝠肉等野味等，这些都使得我们与蝙蝠有更多接触机会。

（3）蝙蝠有特殊的免疫系统。有科学家发现蝙蝠的一个抗病毒免疫通道受到抑制，这就使蝙蝠能抵抗病毒却不引发强烈免疫反应，这一特性使蝙蝠与病毒能共生；科学家还发现蝙蝠体内有着一直活跃的干扰素，干扰素是细胞用干扰病毒的DNA或RNA而合成的，通常哺乳动物体内干扰素只有在受到感染时才产生。

找到病毒源头是控制传染病的重要举措，这次暴发的新型冠状病毒有可能也来源于蝙蝠，给我们国家带来了巨大的损失，同时也给我们敲响了警钟。

既然蝙蝠这么讨厌，我们是不是可以把它们从这个世界消灭掉呢？

绝对不可以！因为蝙蝠在生态系统平衡的维持中起着举足轻重的作用，它的身上还潜藏着与我们生命息息相关的奥秘，值得我们探索：

1. 维护生态系统平衡

（1）蝙蝠是热带地区许多植物的花粉传播者。

（2）许多蝙蝠喜欢捕食昆虫，能有效防止大量害虫对农作物的破坏。

2. 提供健康咨询

我们身体内的每个细胞都有由DNA组成的基因组，由密码子编码的蛋白发挥着不同的功能。我们可以用现代分子技术对我们的基因组进行测序，可以发现基因组上有许多突变，这些突变值得我们关注，它也许会让你更容易患某种疾病或者正因为它才让你变得与众不同。蝙蝠属于哺乳动物，进化使它们获得许多特性，比如蝙蝠有着独特的免疫系统、它们不会得癌症、视觉弱而听觉发达等，这些功能都与他们的基因组有关，十分值得我们研究。比如，我们锁定基因组上一段针对视觉的区域，我们再对比视觉不好的哺乳动物比如蝙蝠的基因组的相应视觉区域，我们就会找到引起视觉障碍的基因突变。

3. 探寻长寿奥妙

相较于体型，蝙蝠的寿命普遍都比较长，其中布氏鼠耳蝠寿命可达到42年。这一点值得我们注意，因为哺乳动物的寿命与体型大小及代谢率之间存在一定关系，体型越小、代谢率越高，相应寿命就会越短。蝙蝠的实际寿命是其预测寿命的9倍，其中的奥秘一定藏在它们的DNA中，通过研究蝙蝠我们可以揭示使哺乳动物长寿的分子机制，这也就意味着我们在未来很有可能实现永葆青春或返老还童。

鲜花可以插在牛粪上：一种肥料的变废为宝

脱添禧

大诗人苏轼曾写过一首被人"诟病"的不登大雅之堂的诗歌，"半醒半醉问诸黎，竹刺藤梢步步迷。但寻牛矢觅归路，家在牛栏西复西。"苏轼喝醉酒不知归路，老农让他沿着牛粪的路线就能找到回家的路了。这首被苏轼视为不雅的主角"牛粪"真的如此不雅吗？答案自然是否定的。

牛粪自古以来便是农牧民生产中的肥料、生活中的主要燃料，同时也是农牧民在长期的养殖生活中热爱大自然，与自然和谐共存的见证。随着养殖业和现代科技的迅猛发展，以及人们对保护生态环境提出的更高要求，牛粪又扮演了很多新的角色。如何科学利用牛粪将其变废为宝呢？

除了建沼气池，利用厌氧发酵技术处理牛粪，可使其变废为宝成为燃料；经发酵腐熟、杀虫杀菌后的干牛粪可以成为优质的有机肥成品，克服生牛粪上地引起的烧根烧苗以及对寄生虫卵和病原微生物的传播等缺点，既安全方便，又能提升土壤肥力。

不要以为牛粪只是可以用来做肥料和燃料，其实牛粪和稻草结合还可以用来种蘑菇，在提升蘑菇口感的同时还能降低种植成本，提升经济效益。蘑菇产出后的废弃菌棒还田，特别是还水田则又是不可多得的有机肥料。近年来食用菌行业快速发展，牛粪需求也随之攀升，资料显示，1头牛1年产生的牛粪可种1亩蘑菇，产值超万元。该方法可以种植的蘑菇有双孢菇、毛头鬼伞、姬松菇和草菇等。

此外，牛粪还可以用来养蚯蚓，近年来蚯蚓粉成为上好的饲料添加剂，比鱼粉的蛋白含量高，蚯蚓粉若大规模开发，将获得可观的收益。先将牛粪与饲料残渣混合堆沤腐熟，达到蚯蚓产卵、孵化、生长所需的理化指标，然后按适当厚度将腐熟料平铺于地，放入蚯蚓让其繁殖。蚯蚓粪还可作为主要原料生产各种专用肥，不仅肥效高，而且能抑制作物病虫害的传播，同时还能提高地温，保水保肥。

除此之外，牛粪甚至还可以用来养鱼、养黄鳝等，因为牛粪里面包含有机质、全氮、粗蛋白等营养成分，使得牛粪可以用来做饲料。

牛粪还有保温的功能，可以用来给鹅做窝，将牛粪冲净翻晒至无异味，铺在鹅窝上约1厘米厚，可供40日龄内的小鹅使用。

牛粪的用途并不仅限于此，相信人们还会开发出更多的利用方式。但不管怎样，牛粪绝不应该成为制约规模化养殖企业发展的污染物，牛粪具有再生利用价值，合理利用它，一定会给您带来惊喜。

防患于未然：坦布苏病毒病的危害与防控

杨立新

近些年，动物新发传染病的频率不断增加，部分肉类被出示黄牌甚至红牌，也因此出现一些新的替代品。2018年非洲猪瘟暴发，消费者对鸡鸭肉和牛羊肉的替代需求不断增加，特别是烤鸭、鸭熟食和鸭蛋等产品深受广大消费者的喜爱，老字号"全聚德""便宜坊""周黑鸭"等产品的美味更是被消费者赞不绝口！然而，疫病之下，鸭也不能独善其身，坦布苏病毒病作为鸭的新发传染病有什么危害、需要怎么做好科学防控等问题近年来引起了大家的高度关注。

鸭坦布苏病毒病及其致病病原

鸭坦布苏病毒病是由坦布苏病毒引起的鸭的一种以产蛋下降为主要特征的传染病。该病在2010年春季在我国首次暴发，随后该病迅速蔓延至我国主要鸭养殖地区，给我国养鸭业造成了巨大的经济损失。由于该病能导致产蛋鸭的卵巢出血，因此，该病在暴发初期被称为"鸭出血性卵巢炎"。后来，研究者通过对病原的序列分析和进化树分析，确定致病病原为鸭坦布苏病毒（TMUV），与人畜共患病病原如登革热病毒、黄热病病毒、流行性乙型脑炎病毒、西尼罗病毒和寨卡病毒等均属于黄病毒科黄病毒属病毒，其基因组为单股正链RNA，长10 990nt。该病毒在1955年从马来西亚半岛库蚊体内分离到，病毒表面有囊膜，对氯仿、乙醚等有机溶剂较敏感。

鸭坦布苏病毒病的危害

TMUV不能感染人，不是人畜共患传染病。但TMUV可感染各种品种和日龄的鸭，另外，也可感染鸡、鹅、鸽子、麻雀和小鼠等动物。鸭在感染TMUV后，首先表现为精神沉郁，采食量下降，活动性差，生长迟缓。蛋鸭和种鸭在感染后7天左右产蛋量降至最低水平，甚至停产，持续3周后逐渐恢复；严重者甚至出现站立不稳、瘫痪等神经症状。雏鸭以神经症状为主，主要表现为站立不稳、行走困难，跌倒后不能翻身，共济失调和神经性脑炎等症状。该病感染率高达90%，但死亡率因鸭场的环境和鸭群的日龄等有所不同。自然感染鸭的死亡率为3%～30%，但在细菌和其他病毒二次感染的情况下，死亡率会升高。剖检病死鸭，可见卵巢充血、出血、萎缩和破裂，特别是雏鸭可见脾脏明显肿大。

鸭坦布苏病毒病的防控

TMUV的传播可能涉及多个途径，包括经蚊子传播、经空气和直接接触传播以及经卵垂直传播，麻雀、野鸟也参与病毒的传播。因此，做好环境的消毒工作，减少TMUV感染导致的继发感染，定期进行灭蚊蝇、捕老鼠、防野鸟，可减少传染源、切断传播途径。根据养殖场的需求，选择有效的疫苗，制定合理的免疫计划，进行疫苗接种，能够对鸭群提供保护。若鸭群突发产蛋下降，可根据鸭群的临床症状和病鸭的剖检变化初步诊断；但该病易与禽流感混淆，必要时要及时送检，确定病原，对症治疗，减少损失。总之，要坚持"预防为主，防治结合"的方针，坚持"早发现，早治疗"的原则，将损失降到最低！

怕热的奶牛：热应激是怎么回事

鲁煜建

天热往往会导致动物出现一些异常的反应，这在奶牛身上体现得十分明显。天一热，奶牛就会出现一种叫热应激的反应。奶牛的热应激会给牧场带来严重的经济损失，为了更好地认识奶牛热应激、减少牧场损失并对热应激进行防控，我们下面就看看热应激会给奶牛带来那些"特殊"的变化。

奶牛的热应激（Dairy Heat Stress）是指奶牛对热环境的一系列非特异性生理反应的总和。奶牛怕热的原因主要来自于以下两点：①奶牛的热量来源多。奶牛瘤胃消化食物以及饲料转化成牛奶的过程中均释放大量的热量。②奶牛的散热途径不佳。奶牛的体重大，单位体重的体表面积较小，再加上奶牛的汗腺不发达。

热应激下奶牛的变化可以概括为以下三个方面：温升奶降、坐立不安、心烦气喘。

温升奶降

"温升奶降"指奶牛的体温升高和产奶量下降。热应激下奶牛的产热和散热失衡，多余的热量集聚体内导致奶牛体温升高。奶牛的体温通常指的是奶牛的核心体温。研究表明奶牛处于热应激时的体温临界值为 38.8 ～ 39.0℃，即当体温超过临界值时，奶牛便处于热应激。

与此同时，热应激状态下，奶牛的产奶量会出现明显下降，研究奶牛体温和产奶量的关系可以发现，体温每升高0.55℃，产奶量下降1.8千克。

坐立不安

"坐立不安"指热应激对奶牛站立、行走和躺卧时间分配的影响。天气炎热时，我们往往会心情焦躁、坐立不安，对奶牛同样如此。奶牛正常的躺卧时间在10～14小时/天，即奶牛会用半天的时间用来躺卧，躺卧时间的长短可以用来反应奶牛的舒适性。有研究表明，热应激会导致奶牛站立时间增加，躺卧时间减小，奶牛从无热应激到中度热应激，奶牛的躺卧时间占比（躺卧时间/18小时）从51.3%降低到42.3%，站立时间相应从45.9%升高至55%。这主要因为站立会增加奶牛体表与外界环境的接触面积，更有利于奶牛通过体表散发热量。

心烦气喘

"心烦气喘"指热应激对奶牛的心率和呼吸频率的影响。目前，关于热应激对奶牛心率影响的说法不一。部分结论认为热应激对奶牛心率有显著的影响，但也有部分说法认为奶牛的心率不存在特异性，即短期内奶牛的心率会上升，而遭受长期热应激时会因为对环境的适应而出现心率下降。呼吸频率指奶牛1分钟的呼吸次数，受热应激的影响，奶牛通过不断增加呼吸的次数从而带走体内的热量。奶牛在正常情况下的呼吸频率为20次／分钟，轻度热应激时为50～60次／分钟；中等程度热应激时为80～120次／分钟，严重热应激时为120～160次／分钟。

热应激影响下的奶牛

夏秋季炎热的气候环境容易导致奶牛出现热应激，该病的发生给我国奶牛养殖业造成了巨大的经济损失。奶牛场（户）必须提高热应激的防控意识，具体可从两个方面实施：一是改善奶牛所处的外界环境，如对奶牛进行物理降温、供给充足的饮水，调整饲喂时间段和提高卫生管理水平等；二是对奶牛进行营养调控，如调整日粮结构，提高能量饲料和青绿饲料的供给率，在日粮中添加一定量的中草药或缓解应激添加剂等。

如何缓解热应激对奶牛的影响？

物理降温

在奶牛舍安装遮阳棚或将屋顶升高。给夏季干奶舍安装风扇，缓解热应激，可以显著提高其随后产奶量和健康。挤奶间是仅次于待挤区的热应激重灾区，要考虑奶牛，同时还要考虑挤奶工。此区域以通风换气为主，不能喷淋。

注意奶牛疾病的防治

搞好牛舍内的环境卫生，坚持定期检查，注射流行热疫苗，确保奶牛的健康。

充足饮水

夏秋季高温的天气奶牛饮水量是平时的1.2～2.0倍，因此，在高热环境下，应尽量给奶牛提供充足的、干净卫生的饮用水。

加强饲养管理力度

设计适合夏季的奶牛日粮配方和改进饲喂管理，增加饲喂次数，比如热应激严重区域建议饲喂4～6次，每2小时推料1次。

调整饲喂时间

高温气候可导致奶牛食欲变差，采食性能下降。为了尽可能提高奶牛的采食量，对奶牛的饲喂时间应随着当日气温的变化而进行调整，可以选择气温较低的早上5：00—6：00和晚上21：00—22：00对奶牛进行饲喂，且勤添少喂。

参考资料

廖晓霞，叶均安. 泌乳奶牛热应激研究进展[J]. 中国饲料，2005(19)：21-23.

鲁煜建，王朝元，赵浩翔，等. 东北地区奶牛夏季热应激对其行为和产奶量的影响[J]. 农业工程学报，2018，34(16)：225-231.

薛白，王之盛，李胜利，等. 温湿度指数与奶牛生产性能的关系[J]. 中国畜牧兽医，2010，37(3)：153-157.

仇连平，张月周，李福云，张向宏. 热应激对奶牛的影响及其缓解措施[J]. 中国草食动物科学，2019，39(4)：58-61.

张俊霞. 奶牛热应激的危害与预防措施[J]. 中国乳业，2018(7)：26-27.

周洪杰. 热应激对奶牛的危害及其预防[J]. 现代畜牧科技，2018(8)：93.

Overton M W, Sischo W M, Temple G D, et al. Using Time-lapse Video Photography to Assess Dairy Cattle Lying Behavior in a Free-stall Barn[J]. Journal of Dairy Science, 2002, 85(9): 2407-2413.

让你再"牛"：有机茶园中茶天牛的防治

冯建路

不是所有的"牛"都很勤奋，有的甚至是大害，茶天牛就是其中的一种，这种挂着天牛头衔的家伙一点都不可爱，除茶树外，还可危害油茶、松等，是我国浙江、安徽、福建、贵州、台湾、湖南、湖北、广东、广西、江西等地区茶园为害率较高的一种害虫。茶丛受害后，轻的上部叶片枯黄，芽细瘦稀少，枝干易折断，总体树势衰弱，生长不良；重的全丛枯死。老龄、树势弱的茶园受害重，一些茶区的老茶园受害率可达60%左右。难道我们能任其危害人间？

茶天牛，别名楝树天牛、株闪光天牛、贼老虫等，属鞘翅目天牛科。茶天牛主要以幼虫蛀食茶树茎干和根部。茶天牛每年发生1代，5月底越冬成虫散产卵在茎皮裂缝或枝杈上。6月上旬卵开始孵化出幼虫。初孵幼虫先蛀食皮下，1～2天后进入木质部，再向下蛀成隧道，在距地面3～5厘米处留有细小排泄孔，孔外地面堆有虫粪木屑。

近些年，有机茶园面积不断增加，由于其有着独特的管理要求，因此在茶园植保管理中需要遵循有机茶园的投入品管理标准操作。针对天牛的防治，笔者总结了几种可行的措施。具体防治方法如下：

释放天敌花绒寄甲、管氏肿腿蜂和白蜡吉丁肿腿蜂防治光肩星天牛，取得了良好的防治效果。这三种天敌主要针对幼虫，人工扩繁技术体系成熟，商业化程度较高，释放技术简便，有利于大范围推广应用。

释放信息素。天牛信息素释放技术已相当成熟，主要基于寄主植物的挥发性气味对于天牛寄主搜索、营养摄取、产卵行为的环境定位所起的重要作用，通过萃取侧柏衰弱木挥发性成分，并添加微量增效剂而配制出的植物源引诱剂，对天牛的寄主搜索、营养摄取和产卵等行为具有强烈的引诱作用，结合配套诱捕器能捕获诱集到的成虫。但需要注意的是，信息素诱捕天牛具有一定的专一性，需要明确茶园主要天牛种类，有针对性地释放天牛信息素。

茶园养鸡或者设置益鸟栖息所

啄木鸟是天牛的主要天敌，可以根据地形或者实际条件设置若干益鸟栖息所，吸引更多啄木鸟，协助防控天牛。另外，天牛成虫具有假死性，遇到大风大雨易从树干或枝条上掉落，树下养殖若干家禽——鸡，可将成虫直接取食。

悬挂频振式诱虫灯

频振式诱虫灯是近年来研发的一种新型植保灯具，具有诱集昆虫种

类和数量多、杀虫效率高等优点。但频振式诱虫灯对非目标昆虫的诱集量较大，可能存在危害生物多样性的隐患，在山林地区应定向使用。

昆虫线虫溶液

天牛幼虫具有钻蛀为害的特点，可以采用昆虫寄生线虫溶液，注射至受天牛幼虫为害的树干孔中，然后封堵蛀干孔。

以上方法均为有机生产标准下可以采用的有效措施，对环境友好，无污染、无残留。

愤怒的控诉："杀子凶手"弓形虫

柴莉莉

听说可爱的猫咪和狗狗有比窦娥还冤的冤情要申诉，仔细一听，原来罪魁祸首是弓形虫呀！相信养过猫咪和狗狗的人们对弓形虫并不会陌生，很多人都觉得它是一种可怕的寄生虫，对人的危害很大，尤其准备生育小孩的家庭，很多不分青红皂白就遗弃了宠物狗和猫。那么"弓形虫"到底是何方妖孽呢？它与猫咪和狗狗之间又有什么恩怨情仇呢？

我们所说的"弓形虫"，全名叫作刚地弓形虫，是一种专性细胞内寄生虫，属于球虫亚纲，真球虫目，等孢子球虫科、弓形体属，引起的疾病称为弓形虫病。

弓形虫病是一种人畜共患病，即人和动物都可以感染发病。猫和其他猫科动物是弓形虫的终末宿主，包括人和犬在内的很多种动物为中间宿主。

人可通过后天性和先天性两种方式感染弓形虫：

（1）先天性感染：只发生在孕妇妊娠期间感染，可能出现流产、早产、畸胎和死产。出生后成活者中多出现弓形虫病，表现为智力发育不全、视网膜脉络膜炎、神经精神症状等。

（2）后天性感染：一般是没有临床症状的，但当免疫力低下时（如艾滋病患者、肿瘤病患者等），会出现全身性弓形虫病（淋巴结和肝脾肿大、低热、疲倦、肌肉不适等；脑膜脑炎、肺炎、肝炎、心肌心包炎、弓形虫眼病等）。

弓形虫到底是怎么传播给人的呢？

（1）猫咪感染弓形虫，主要是通过捕食感染有弓形虫的中间宿主——老鼠和鸟类。

（2）人感染弓形虫，主要是通过食入或饮入被感染有弓形虫的猫的粪便污染的食物（包括各种蔬菜水果等）或水；食入没有煮熟的感染了弓形虫的猪牛羊肉以及鸡鸭等家禽肉。

知道了如何会感染到弓形虫，那如何预防弓形虫自然就很简单了，以下干货请签收。

（1）作为一名铲屎官，责任心很重要哪！要防止家中的猫咪和狗狗与外界野生动物接触，给它们喂食完全熟透的食物，不让它们在外界捕食；定期做好驱虫和防疫；猫咪的粪便每天都要清理一次（因为大便中的虫卵需要1～5天才变得具有传染性）。

（2）其次，病从口入，要有健康的饮食习惯，不吃生的或未煮熟的肉，蔬菜水果洗干净后再食用，切生肉和生菜的菜板和菜刀应与切熟肉和熟菜的分开使用。

（3）对于孕妇来说，除以上之外，还需要注意的是要避免清理猫砂，避开野猫，不要在怀孕的时候养新的猫咪，接触花草树木以及土壤时需要戴手套。

备孕妈妈如何进行弓形虫抗体检测

若IgM抗体阳性－近期内感染，暂时不能考虑怀孕。若IgM抗体阴性、IgG抗体阳性－既往感染，可以怀孕。因为孕前感染后不会再有被传染给胎儿的风险。

But…

"超级无敌可爱的我，一直陪伴在主人身旁，直到听说她要生小宝宝，然后我就只能浪迹天涯了，好想念家的感觉，呜呜……"

爱要大声说出来！其实宠物与怀孕并不是对立的。

请听听理性的声音：

狗作为弓形虫的中间宿主，只要不是生食其肉便不会感染弓形虫；

猫如果感染了弓形虫，一生只会排一次带卵囊的粪便，一般持续1周至20天，且卵囊需要在外界环境中发育1～5天才具有传染性，只要及时清理猫粪便就不会被感染；

人如果感染过弓形虫便不会再感染第二次，孕妇只有在怀孕期间前三个月发生初次感染才会影响胎儿，如怀孕前就已经感染过，自身已有抗体便不用担心怀孕期间会再次感染。

可见，本身从猫感染弓形虫的几率就很小，而要在怀孕前三个月感染影响胎儿的可能性就更小了。所以准备怀孕的父母并不需要对于宠物和弓形虫病过度恐慌，要预防弓形虫病做到上述预防措施即可，无须盲目遗弃宠物。

谨慎为妙：酵素之我所知

吴若宾

　　微信确实是一个好东西，可以视频聊天、可以家族群抢红包、父母可以通过朋友圈看到我们的动态。当然把父母拉黑的除外。微信缩进了我们和父母、亲戚们的距离。但是看到他们经常转发一些谣言文章的时候，我们的内心往往是矛盾的…………

　　最近，小编周围也出现了诸多类似的情况，也有小粉丝在后台私聊小编，下面的这些文章在你妈妈的朋友圈遇到过吗？

《酵素比药还神奇》

《酵素对人体的6大关键作用》

《酵素养生法》

《日本酵素究竟有多神奇》

一些不良商家借这些文章包装炒作酵素产品，酵素液、酵素粉、酵素片、酵素补充剂满天飞等，一时间无数宝宝开始问：怎么才能制止我妈买买买！农博士说，让妈妈看这篇文章就够啦！

酵素产品真的有用吗？酵素真的那么神奇吗？今天农博士就来告诉你！

首先，我们先来具体了解下几个基本问题：

1. 酵素到底是什么

酵素的英文是Enzyme，也就是我们常说的酶，在日文中被译为酵素。

人身体中的酶确实在体重调节、免疫、抗炎、脂肪代谢等方面都发挥了至关重要的作用。但是这些酶并不是你吃进去的，而是人体消化吸收食物营养成分后，经过复杂的生物化学反应，在特定的体内微环境中自身合成的，一般健康人体内的酶可以自给自足。

2. 通过嘴吃进去的酵素能起到作用吗

酵素（酶）绝大多数是蛋白质，口服蛋白质一方面在胃中被胃酸变性失去活性；一方面胃蛋白酶、各种胰肠蛋白酶，最后大部分被分解为单个氨基酸或者小分子肽（组成蛋白质的氨基酸种类为20种）。所以吃进去的酵素一经过消化道就已经面目全非了。

又有人说了，那些分解产生的小分子能发挥酵素的功效！

这些小分子被吸收后，也许用于合成人体需要的各种酶。但是，这并不意味着会合成你所期待的"神奇的酶"。

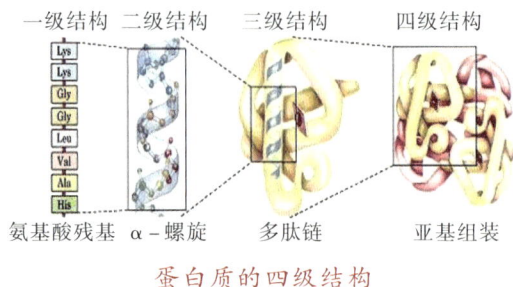

一级结构	二级结构	三级结构	四级结构
氨基酸残基	α-螺旋	多肽链	亚基组装

蛋白质的四级结构

3.那市面上的酵素产品真的一无是处吗

不可否认，有些酵素相关产品，如水果酵素，经过发酵后，有一些有机酸和发酵产生的维生素，对改善消化吸收可能有点好处；一些营养物质被分解，有助于吸收，确实对人类有一定好处。但也就仅此而已了，跟你直接吃水果差不多，甚至还不如直接吃水果！各种神奇功效，如抗肿瘤、治糖尿病、燃烧脂肪等没有科学依据，太过于牵强。美国加州伯克利大学《健康报》报道，没有发现酶（酵素）的口服补充剂具有提高免疫力、抗菌消炎，或者提高全身健康的神奇功效。美国癌症协会也发表声明：没有任何口服酶（酵素）产品可以有明确治疗或者预防癌症的作用。所以，看下图～～

以下问题是你的困扰吗？

肥胖或太瘦　更年期障碍　胃痛或胃溃疡　容易犯困　无精打采　皮肤缺乏光泽、有黑斑、浅斑、老人斑　失眠　头痛、肩痛、颈痛、腰痛　衰老明显　食欲不佳　肚子胀、打嗝　便秘、痔疮　皮肤过敏、体质过敏

如果你的生活中经常出现这些困扰中的某些，那么你的身体需要：~~补充酵素~~　看医生！！！

4.自己做得酵素会不会效果好一些

自制酵素难以达到应有的卫生条件，容易滋生霉菌，微生物超标，同时易产生杂醇对人体有一定毒性。但是用厨余垃圾做的环保酵素，擦地板很好用哦！

综上所述：省下买酵素产品的钱，不如多吃点新鲜水果；省下研究酵素品牌的时间，不如多看看农博士！

参考资料

American Cancer Society. Dietary Supplements: What Is Safe[R].

Berkeley Wellness, University of California. Enzyme Supplements: Yea or Nay[R]. 2011 Nov.

真真假假：草酸的科学论证

娄思涵

和家里亲戚一起涮火锅，我看着菠菜青翠嫩绿就忍不住夹起来生吃了一片，一位姐姐赶紧拦住了我：生菠菜里有草酸！吃了会得结石！快放下！吃草酸会得肾结石！我默默地放下了刚刚举起的刀叉，向青翠嫩绿的菠菜送去了深情的眼神，对不起，不是不爱你，实在不敢碰你。但是，真的有这么可怕吗，事实的真相又是什么呢，且听我们慢慢道来。

误区：

吃草酸会得肾结石！

真相：

大家恐惧草酸的主要原因是它可以与钙结合生成低溶解度的草酸钙，然后形成结石。但具体的形成过程恐怕大家都不太清楚：饮食中的草酸和钙如果在胃里遇见，形成了草酸钙，其实并没有太大的损失，因为这里的草酸钙会从大肠排出体外，不会被吸收入血，最多损失一些钙，反而减少了身体对草酸的吸收。

但如果草酸从食物中被吸收进入血液，在血液中和钙结合形成草酸钙，特别是在肾脏里尿液浓缩的情况下，可能引起肾结石、膀胱结石或尿道结石的麻烦，因此血液中的草酸和钙的含量过高确实会引起结石，而食物中的各种营养成分是一个复杂而平衡的系统，食物中的草酸含量高不代表血液中的草酸含量会增高哟。

误区：

胆结石不能吃蔬菜，因为有草酸！

真相：

结石是人体或动物体内的导管腔中或腔性器官（如肾脏、输尿管、胆囊或膀胱等）的腔中形成的固体块状物。主要见于胆囊及膀胱、肾盂中，也可见于胰导管、涎腺导管等的腔中。

不同的结石形成的原理也不一样，据医学统计，肾结石的75%左右是草酸钙沉淀，也有磷酸盐和尿酸盐的沉淀；而胆结石是胆固醇类物质的沉淀，和草酸钙没有一丁点关系。有些胆结石病人因为害怕草酸而不敢吃蔬菜，实在是大错而特错，因为预防胆结石需要增加膳食纤维，蔬菜是必须要多吃的。

误区：

不生吃菠菜，就不会有过多的草酸进入肾脏。

真相：

菠菜中的草酸高是人尽皆知，但是它不是孤单一个菜，甘蓝、杏仁、花生、甜菜、欧芹、菠菜、大黄、红茶、麦麸、可可粉、蓝莓、猕猴桃以及大部分野菜中草酸含量都较高，一般来说，吃起来涩的食物多半含有草酸（也可能是多酚）。而水多脆嫩的蔬菜和香甜的水果中草酸含量较低。

草酸分为内源性草酸（人体自己代谢合成的）和外源性草酸（食物中获取的），只限制了外源性草酸的含量并不一定会降低血液中的草酸含量。如下图所示，草酸在人体中有两种合成途径，一种是甘氨酸→乙醛酸→草酸；另一种是维生素C转变为草酸。所以，为了美容养颜吃太多胶原蛋白，或者服用上千毫克的维生素C，都要小心增加内源性草酸生成的问题。

研究表明过量VC摄入会增加肾结石风险，但是少量维生素C（200～300毫克，大概2～3片小白色药片）反而能减少尿中草酸钙的含量。

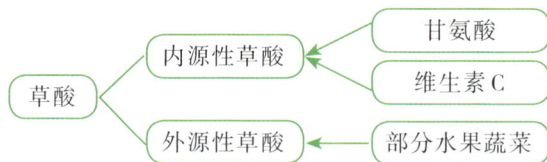

误区：

不吃绿叶菜了，拒绝草酸！

真相：

食物里的草酸，未必一定会跑到尿里面去。它可能在烹调中被除去，也可能在胃肠道中与其他物质结合，最后没有被吸收到血液当中，自然也就不一定会带来结石的麻烦。目前并没有流行病学研究表明菠菜摄入和肾结石发病率增加有正相关的联系。相反，因为蔬菜中含有相当丰富的钾，绿叶蔬菜中还含有较多的镁，这两种元素都有利于减少尿钙的排泄量，而尿钙浓度下降，对于预防肾结石是非常有利的。

简单地说，肾结石往往是由于血液中草酸浓度高或者钙的浓度高，或者两者都高。掌握了原理要解决问题就简单多了。

1.多喝水

多喝水可以使溶剂含量增加，那么C=M/V，V升高，C肯定降低，有利于草酸和钙的排出。

2.多吃含维生素B$_6$的食物。

维生素B$_6$可以抑制甘氨酸合成草酸，降低内源性草酸浓度；同样有研究表明通过饮食增加钙的摄入，而不是服用钙片，可以减少尿中草酸的含量。因此尽量多吃富钙食物，增加钾、镁以及维生素B$_6$的摄入是对付血液中草酸的"良药"。

3.养成健康的饮食习惯

研究表明，不吃杂粮豆类，不吃坚果，天天只吃白米白面加大量肉类，吃过咸的食物，喝大量甜饮料，食物中的草酸量虽然很低，但肾脏的代谢功能降低，患上肾结石的风险反而会上升。

4.将蔬菜用沸水焯一下

草酸含量高的菠菜、苋菜等蔬菜，只需沸水焯一下就可以去除40%～70%的草酸。虽然会损失一点维生素C和叶酸，但只要多吃蔬菜，也就能够补回来了。至于吃小油菜、小白菜之类的低草酸绿叶菜，就更不用担心了，和豆腐一起烹调，同样是有益无害的。

总结来说：多喝水、多吃含钙高的食物（不是钙片）、多吃绿叶蔬菜增加钾、镁以及膳食纤维摄入、控制蛋白质和钠盐、少喝甜饮料是预防肾结石的不错选择。即使偶尔吃一点生菠菜影响也很小哟。

铲屎官们注意啦，不要让你家猫主子中毒

赵媛媛

想必铲屎官们都知道，家里的猫主子拥有强烈的好奇心，对家中很多不起眼的小东西都要凑上前去小心翼翼地观察一番，有时还要抓一抓、闻一闻，殊不知自己可能会面临中毒的风险！下面就列举几种常见的易使猫咪中毒的物质，铲屎官们要用心记住呀！

百合

百合的叶片、花朵及根部，对于猫咪来说都具有毒性。当然，不同猫咪中毒后表现出的临床症状及其严重程度会有所不同，但大多数猫咪在摄入后会出现严重的呕吐及尿量增多，如果发生急性肾损伤就会由多尿型发展到无尿型，此时情况就比较危险了。因此，如果猫咪误食了百合，出现了上述症状，一定要及时就医并接受治疗。

洋葱

猫咪采食洋葱后，不但会刺激胃肠道，还可能引起炎症反应。洋葱中含有N-丙基二硫化物，此类物质即使经过蒸煮或烘烤也不易破坏，并且可氧化血红蛋白，形成海恩茨小体，从而引起贫血。洋葱中毒后一般表现为呕吐、腹泻、精神沉郁等，这些症状可能与胃肠道疾病相似，但其治疗方法是有很大差别的，因此铲屎官们一定要多加关注猫主子的饮食情况哦！

菊酯

绝大部分含有除虫菊酯或拟除虫菊酯的杀虫剂、蚊香、农药，对猫咪来说都是有一定毒性的，铲屎官们千万不要以为杀虫剂可以给猫咪进行体外驱虫！我们不能离开剂量谈毒性，菊酯浓度较低时猫咪是可以耐受的，因此，并不是说我们在日常生活中要杜绝一切杀虫剂的使用。

乙二醇

乙二醇常用于制造汽车防冻液、化妆品、油墨染料等。猫咪对乙二醇非常敏感，摄入后易发生代谢性酸中毒、低钙血症、无尿性肾功能衰竭，甚至危及生命。而且，这些病理过程可能会在短时间内发生并进一步加重，铲屎官们要防微杜渐才行！

对乙酰氨基酚

我们使用的很多感冒药、止痛药、退热药等都含有对乙酰氨基酚，猫咪对此也是非常敏感的，摄入后易发生高铁血红蛋白血症，一般表现为精神沉郁、食欲减退、呼吸困难、黏膜发绀，严重时会出现胃溃疡、急性肾损伤等，有死亡风险。在这里要提醒所有的铲屎官们，给猫主子用药时一定要看成分、遵医嘱！

致命的诱惑：犬木糖醇中毒

徐 乐

宠物是当今很多家庭的重要成员，它们与朝夕相处的主人们建立了深厚的感情。各个铲屎官也是对宠物不遗余力的照顾，好玩的，好吃的，倾其所有。但是，可并不是所有人类喜欢的食品都适合宠物。很多人都知道巧克力对狗狗有毒，其实，木糖醇对狗狗的毒性不亚于巧克力！

木糖醇发现于19世纪后期，是一种五羟基糖醇，其甜度指数类似于蔗糖。主要用作人造甜味剂，其卡路里含量不到大多数糖的2/3。它的血糖指数低，代谢所需的碳水化合物极少，因为其热量较低，是糖尿病患者的理想甜味剂，也是那些打算食用低碳水化合物饮食以降低其血糖指数的个人的首选糖替代品。木糖醇不需要胰岛素进入细胞，并且具有抗酮症作用，使其成为糖尿病患者的极佳能量来源。另外，木糖醇能够抑制某些细菌的生长。木糖醇的抗菌活性和适口性使其在各种预防性牙科产品中广受欢迎。它已被添加到广泛的牙科产品列表中，特别是人类牙膏中含量最高（高达35%）的产品。牙科产品一直存在问题，在牙科产品中已将其掺入以增加其他抗菌化合物（如洗必泰）的适口性。含有木糖醇的产品对猫是安全的，因此建议将其添加到猫的日常用水中以预防猫科牙齿疾病。但是，对于狗狗来说误食木糖醇将会导致严重甚至危及生命的症状。

1. 木糖醇对犬胰岛素分泌的影响

木糖醇对狗狗的毒性要远远大于巧克力的毒性！木糖醇刺激犬的胰岛素分泌，与相同体积的葡萄糖相比，发现木糖醇可导致犬的胰岛素分泌量增加2.5～7倍。木糖醇会引起低血糖症（低血糖），因为犬的胰脏会混淆它的真正糖分，使其释放更多的胰岛素；胰岛素去除体内的真正糖分，导致血糖水平暴跌。乏力和活动减退的临床体征可能是低血糖症的结果。

2. 木糖醇对犬肝脏的影响

木糖醇不仅引起低血糖，而且还引起急性威胁犬生命的肝病和凝血病。大多数木糖醇代谢发生在肝脏中，在那里木糖醇被氧化成D-木酮糖。然后将D-木酮糖磷酸化以形成D-木酮糖-5-磷酸酯，这是戊糖磷酸途径中的中间体。该化合物可以转化为果糖6磷酸酯或甘油醛6磷酸酯，从而导致葡萄糖、糖原或乳酸的形成。这种代谢过程需要ATP。当大量木糖醇吸收到血液循环中时，肝细胞中的ATP耗尽，从而升高血浆谷氨酸氨基转移酶（ALT）和天门冬氨酸氨基转移酶（AST）。有试验表明，ALT活性在中毒后的4小时内可升高10倍；AST对肝脏疾病更具有特异性，犬在木糖醇中毒后AST的含量在4小时内达到峰值，其含量相当于中毒前的10倍；目前，没有犬木糖醇中毒后碱性磷酸酶（ALP）含量变化的报道，但是由于肝脏疾病可能会造成ALP的升高，因此在犬木糖醇中毒时不排除会产生ALP含量的变化；肝胆系统是γ-谷氨酰转移酶（GGT）的主要来源，对肝脏的特异性高，但敏感性低，通常在ALT升高后的2～3天才变化，木糖醇中毒后GGT含量会轻微上升。

3.治疗及预防

当前没有针对木糖醇中毒的解毒剂，一般治疗指南包括减少吸收，治疗呕吐，稳定血糖，保护肝脏，解决凝血病以及根据需要提供进一步护理。由于活性炭黏合性能低，通常不使用。在控制木糖醇中毒的早期阶段，密切监测血糖并在需要时提供右旋糖补充至关重要。使用过量的肝保护剂，监测肝参数至少2～3天并提供支持治疗，这对于过量用药情况下取得积极的结果是必要的。虽然木糖醇的摄入可能会威胁到狗的生命，但该报告显示，木糖醇中毒导致的急性肝衰竭可以通过积极治疗得到成功治疗。随着木糖醇的用途不断扩大，对于人类和动物医学专业人员而言，保持警惕，仔细评估产品标签并提供早期和适当的护理非常重要，建议让您的狗狗远离所有甜食。

参考资料

蔡丽媛, 何玉英, 夏兆飞. 犬木糖醇中毒机制研究进展[J]. 中国兽医杂志, 2011(9):59-60.

Christopher M Piscitelli, Eric K Dunayer, Marcel Aumann. Xylitol Toxicity in Dogs[J]. Compend Contin Educ Vet, 2010, 32(2): E1-4.

Dunayer E K, Gwaltney-Brant S M. Acute Hepatic Failure and Coagulopathy Associated with Xylitol Ingestion in Eight Dogs[J]. Journal of the American Veterinary Medical Association, 2006, 229(7): 1113-1117.

Imai A, Nishita T, Ichihara N, et al. Binding Affinity of Anti-xylitol Antibodies to Canine Hepatic Vessels[J]. Veterinary

Immunology and Immunopathology, 2012, 149(1-2).

Jerzsele, á, Karancsi Z, Pászti-Gere, E, et al. Effects of p.o. Administered Xylitol in Cats[J]. Journal of Veterinary Pharmacology and Therapeutics, 2018(11).

K. H. Bässler. International Symposium on Metabolism, Physiology and Clinical Use of Pentoses and Pentitols[J]. Zeitschrift für Ernährungswissenschaft, 1968, 9(1): 83.

Schmid R D , Hovda L R. Acute Hepatic Failure in a Dog after Xylitol Ingestion[J]. Journal of Medical Toxicology, 2016, 12(2): 201-205.

Takeshi Kuzuya, Yasunori Kanazawa, Kinori Kosaka. Stimulation of Insulin Secretion by Xylitol in Dogs[J]. Endocrinology, Volume 84, Issue 2, 1 February 1969: 200-207.

Ur-Rehman S, Mushtaq Z, Zahoor T, et al. Xylitol: A Review on Bioproduction, Application, Health Benefits, and Related Safety Issues[J]. Critical Reviews in Food Science and Nutrition, 2015, 55(11): 1514-1528.

安居乐活：为鱼儿构建明亮的生存环境

姜宏伟

鱼友们常常会发现，人工水塘的水是深绿色的，原本塘中饲养着很多美丽的观赏鱼，现在站在塘边却很难看到鱼。平时家用的鱼缸也常常发生缸壁变绿现象，这让喜欢养鱼的小伙伴非常苦恼。那么到底是什么原因导致的水体和鱼缸壁变绿呢？

1.绿藻自身蔓延

长时间的光照，会使水体滋生绿藻，它们的大量生长是造成水体变绿的直接原因。

2.水体富营养化

水塘中的植物是带盆放入的，盆中的土壤含有大量的肥料，这些肥料会溶解到水中，从而促进了绿藻的繁殖和生长。此外在灌溉岸上的植物时，也会有一些多余的灌溉用水就近流入塘中，这些灌溉用水也溶解了一定的肥料，进一步加重了水体富营养化。

然而家里的鱼缸里没有带盆的水生植物，也不会流入灌溉用水，为什么也会滋生绿藻呢?这是由于对鱼儿投喂饵料造成的，当这些饵料被鱼儿排出体外后就变成了新鲜的有机肥了。绿藻有了这么好的肥料自然就很快遍布鱼缸的每一个角落了。

针对绿藻形成的原因，可以采取以下对策：

（1）对水体遮光，或者将鱼缸放置在光线较暗的位置。由于绿藻生长需要光合作用，对水体遮光就阻断了绿藻的能量来源，降低绿藻碳水化合物的合成，从而使绿藻被饿死。

（2）将水中的盆栽植物取出，对岸上植物灌溉要科学定量，杜绝大水漫灌导致水体富营养化，并对池塘中的水进行定期更换，从而降低水体肥力。

（3）引入绿藻的天敌进行生物防治，可以在水中放养一些喜食绿藻的清道夫和青苔鼠等。

（4）把鱼儿取出后将水抽干，用化学药剂高锰酸钾、次氯酸钠、硫酸铜等进行杀菌，净化水体。

（5）还可以在水中种植浮萍、水葫芦等，这些植物的叶子不仅可以遮挡阳光，而且本身也具有一定的观赏性。

相信通过以上各种措施综合作用后，鱼儿的生存环境会重新变得光鲜亮丽的！

猫鼻支：猫主子的小"克星"

李若曈

感冒，大家肯定习以为常，无外乎细菌感染和病毒感染两种，吃点感冒药，或者去打几天针，抵抗力强的甚至都不用吃药就能好。可对于你家猫主子而言，一旦出现打喷嚏、流鼻涕的情况，可不要掉以轻心哦，十有八九就是病毒感染，得上了猫鼻支，也就是猫流感，这足以要了猫主子的小命啊！下面就来看看这个猫鼻支到底是何方妖怪吧……

猫鼻支的表征是啥样的

猫主子得了猫鼻支的主要症状是打喷嚏、流鼻涕，眼睛红肿，眼泪多、眼屎多，病情严重的和年幼的猫咪，还可能伴有发烧。

猫鼻支咋得的呢

经研究表明，这是一种叫猫疱疹病毒闹的，但更重要的是猫主子自体免疫力低造成的，幼猫和体弱的猫最容易发病。这种猫疱疹病毒百分之八十的猫身上都携带，但大多数猫都凭借自身免疫力获得了活跃的抗体，所以，大多数猫发病都是由于自身免疫力低下，比如应激、换季气温骤变、体弱或者营养不良等。需要一提的是，幼猫在免疫接种前洗澡也是会导致免疫力突然低下的哦，所以因为这个原因让你家猫主子发病的铲屎官们请自觉面壁思过吧。

万一猫主子不幸得了猫鼻支该注意点儿啥

医学书上提到了这样几个特征：

眼睛：患病时可能会有溃疡性结膜炎和眼球炎，重者会造成失明哦，一定要注意；

鼻腔：患病时可能由于炎症使呼吸道狭窄，以至呼吸困难、发生窒息的危险；

易传染：猫鼻支传播迅速，潜伏期2～6天，常常突然发病，幼猫比成年猫更易感染，且症状明显；

死亡率：猫鼻支虽然可怕，但却是可以治愈的，不过要及时才行，对于幼猫而言死亡率还是很高的，对于成年猫其死亡率在20%～30%之间。

不想让猫主子受苦，有什么办法预防吗

首先，疫苗是关键。所有疾病最重要的都在于预防！猫三联可以预防三种病毒感染，包括猫瘟、猫传染性鼻气管炎和猫杯状病毒。所

以，一定要按时给猫主子接种疫苗哦！

其次，要提供良好的通风环境和消毒措施。由于猫鼻支属于接触型传染病，主要靠空气和飞沫传播，所以，一旦发现你家猫主子发病，就要马上与其他主子隔离，并做好通风换气、消毒杀菌，以防其他主子被传染。值得一提的是，隔离不仅仅是单纯关关笼子就可以的哦，一定要分开屋子，让彼此接触不到才行。

最后，要提高猫主子的自身免疫力。猫鼻支完全可以靠猫主子自身免疫力抵抗，所以，一定要给猫主子提供营养高的食物，配合营养补充品，来提高其自身免疫力、增加体能和热量。

各位铲屎官们，您瞧好了吗，这猫鼻支并不可怕，即使不幸患病，只要精心治疗，护理跟上，营养充足，一般1个月左右就能完全康复，当然，还是以预防为主哦！所以，远离猫鼻支，要从铲屎官们做起喽。

明明白白它的心：合格萌主必备素养

从　心

好多人都喜欢养狗，可是你知道怎样做一个合格的主人吗？狗是人类最忠实的朋友，不要因为你的一时冲动就把它带回家，要确定你能照顾好它们哦！如果你还没有足够的信心，来看看这个吧，希望这会对你有所帮助！

1. 为什么要养犬

在你决定要养一只可爱的小狗之前，请先问自己几个问题：

为什么你要养一条小狗？

你是否有时间、精力去照顾它？

你能否负担得起养狗的花费？

你有没有时间去陪它玩？

你要养一只什么品种的狗？

如果你不能肯定的回答，那你真的不要去仓促地去养它，这是对它的不负责。

2. 去哪里买幼犬

狗市、宠物市场、街边、淘宝、宠物商店、狗场等，我们在各种地方都能够买到一只小狗，你甚至也可以去流浪动物收容所去领养一只小狗。

但是，在哪里买是最安全的呢，这一点真的不好说。

如果条件允许，还是建议大家去正规的宠物商店，或者是有资质的狗场去买。

买的时候也要注意，为了防止上一些不法商家的当，尽量买那些能看到狗妈妈的小狗，并且要注意了解买到的小狗是不是已经接受了正规的免疫。

3. 备好各种宠物用品

合适的狗粮、项圈、栓狗链、水盆、饭盆、犬毛梳、犬窝或犬笼子、咀嚼玩具等，这些都应该在你准备买犬之前提前备好。

小狗的这些东西你可以去宠物用品超市找到，当然，有些东西也可以自制，但前提是一定要安全。

4. 检查你的屋子

在将小狗带入你家之前，你应该首先检查一下你家里是不是适宜养狗，这样做既能保证你家小狗的安全，也能防止你的贵重东西不会被新来的小狗破坏。

易碎品、电器、电线、洗涤剂、纸巾、药品、拖鞋等，最好不要放在小狗能够够得到的地方。

如果你家实在太乱，那你就尽快去买一个笼子或者栅栏，当你不在的时候，将小狗关起来，以免他把你家弄得一片狼藉。

5.选择合适的狗粮

小狗比大狗需要摄取更多的蛋白质和能量，所以选择合适的狗粮是必须的。最好是选用正规的专门为幼犬设计的幼犬狗粮。

幼犬狗粮充分考虑了幼犬的营养需求，并且不会像成年狗粮那么硬，更适合幼犬那还没发育完全的牙齿。

如果小狗还没长牙，也可以将狗粮用开水泡过之后再喂给小狗。

当然，如果狗妈妈就在身边，我们当然提倡母乳喂养。

6.小狗每天到底需要多少狗粮

如果食物十分充足，小狗会能吃多少吃多少，从来不会觉得饱。这是因为小狗的饱食中枢极不敏感。

所以，一定要注意不要给小狗喂太多的狗粮，这很有可能会把它们撑坏。不同的年龄、品种和健康状况的小狗吃的多少差距很大，所以一定要提前做好调查。

并且在小狗吃东西时，你最好能在它身边，这样你才能了解到它的健康状况。

7.给小狗一个安稳舒适的床

小狗可能每天会睡 14 ～ 20 小时，所以给它们一张舒适的床是十分必要的。

所有小狗都希望能有一个属于它自己的领地，而多数的时候，它们都希望能睡在主人的卧室里。

没有小狗喜欢被锁在笼子里，所以，除非万不得已，尽量不要把小狗锁在笼子里。

8.室内还是室外

在中国，大多数养狗的家庭都是把小狗放在室内的，这其中主要原因还是由于大多数人都是住楼房的，没有一个合适的院子去养狗。

不过，有一点是毫无疑问的，小狗喜欢室外的环境，就算你家没有条件将小狗养在室外，你也应该经常带它去外面遛一遛。

如果你家正好有一个大院子，那么你可以考虑将小狗养在院子里，但是，应该提前为它预备好可以避雨的屋子，防止它跑出去的栅栏，可以保暖的床垫，以及充足、干净的水。

9.给它家的感觉

小狗第一天到家时，周围完全陌生的环境对于它是一个极大的挑战，所以，你必须给它更多的关心和爱护。

新到家的小狗可能因为不适应而不吃不喝，随地大小便，或是待在一个地方一动不动。

这时候作为主人的你应该多多地去关心它，抚摸它，陪它玩耍，带它去一点点地熟悉你的房子。

到家的前几天，小狗夜里会因为陌生、孤独不安叫个不停，所以刚开始可以把小狗晚上放在卧室里能看到主人的地方。

10.适应家庭生活

一般情况下，小狗一觉醒来，开始有动静，往往是需要方便了。小狗在方便之前往往会不断地去嗅地面，或者是围绕一个地方转圈。

这时你将小狗抱到指定的地方去，让它在那里方便，并且，在它方便后抚摸或夸奖它一下，这样只需几次，小狗就能记住了，时间久了，它也就会适应在指定的地方方便了。

11.进行合适的训练

"坐下，握手，站起来"，这些都是较常规的对犬的训练方式。

不过，现在在中国也开始有了专门为犬开设的培训班，由专业的训狗师来训练你的爱犬，并且小狗也可以通过看到别的狗的行为来纠正自己的行为。

当然，即使是接受了培训班的训练，你也应该回家继续亲自巩固训练，毕竟，你才是天天和它在一起的那个人。

12.与狗进行玩耍

狗的性格就像孩子一样，无论他们年幼还是年老，他们都是喜欢玩耍的。

如果你还能陪它一起玩，那对于它来说就是再好不过的了。当你和他们一起玩耍的时候，可以用一些玩具，例如，小娃娃、小骨头、球、飞盘等。

当然，你也应该注意不要让狗误食，以免卡住食道。

13.经常带狗狗散步

即便你家有一个大的院子，你也应该多带着你家的小狗出去走走。多出去走走不仅有利于小狗的身心健康，它还可以借机接触到别的小狗，这一点对于公狗尤其重要。

不过，散步也应该根据小狗的状况量力而行，一般情况下，1天不超过1小时最好。

当然，在传染病高发的季节，你也要做好防疫工作，按时为小狗注射疫苗。

14.注意家里的小孩

如果你家里还有一个不懂事的小孩，那你就要当心了。

养小狗对于孩子来讲是一个好事，但是前提是你要确保你家的小孩和小狗都不要受到伤害。

经常会有小孩被狗咬伤，或是小狗误食小孩给它的东西的事情发生。所以，千万不要让小孩和小狗单独在一起。

15.照顾好小狗的毛发和爪子

犬类经过人们的选育，有着各种各样的毛发，如何打理好它们的毛发一定让你很头疼。选用合适的梳子，每天为它梳毛，定期修减长毛，用专用的香波洗澡，这些都是必须的。

对于有些品种的小狗，还应该控制好他们的饮食，不要过于油腻，否则会得毛囊炎或是脱毛。

而小狗的爪子也应该定期检查，及时修剪，尤其是长期待在屋子里不出去的小狗，很容易会有指甲过长，长到肉垫里的危险。

16.管好你餐桌上的美味

小狗的嗅觉极为灵敏，它一定知道你今晚做了很多美味佳肴。但是，你也要管住你自己、你的家人，还有你家的客人，一定不要乱喂小狗食物。

小狗都是很馋的，如果他吃习惯了你的美食，那它一定就不会再去吃狗粮了，尤其是喂了它肉之后，你就更难管住它了。你家的饭菜虽然好吃，但是，你不能保证这就是适合小狗吃的。

过敏、食道梗阻、营养不良、肥胖、糖尿病等这些病，常常都是狗吃人的食物而引起的。

所以，一定不要被它渴望美食的眼神萌翻而情不自禁地喂它哦。

17.对巧克力说NO

你一定很爱吃巧克力，小狗当然也爱吃。但是，巧克力对于狗来说是极为危险的，甚至会致命！

巧克力由可可豆加工而成，含有多种甲基黄嘌呤的衍生物，咖啡因和可可碱就属于这类物质。巧克力中含有可可碱，它会作用于小狗的中枢神经和心肌，从而让狗中毒。

所以，一定要注意，让小狗远离巧克力。注意：洋葱等葱类也是很危险的哦！

18.管好你和你周围的植物

小狗喜欢用鼻子去嗅一切东西，尤其是他们不了解的东西，他们会使劲的去嗅。有时他们还会去咬，尝一尝味道。

你家的漂亮植物能为家里增添很多美感，但是你可能不知道有很多植物对狗来说是有毒的，例如百合、水仙、菊花、杜鹃、铁树、鹅掌、仙客来、夹竹桃、常春藤等，这些都是我们平常养的植物。

所以，一定要管好你的植物哦。

19.做好免疫防控

在中国，犬类的传染病非常多，而且非常频发。

犬瘟、细小病毒、冠状病毒、狂犬病等病毒每年都会夺去很多小狗的生命。尤其是幼犬，如果不做好免疫，极易被环境中或者是其他小狗传染上疾病。

幼犬的犬瘟、细小病毒的致死率相当高，狂犬病又是大家极为熟悉的一种让人害怕的传染病，所以，一定要按时做好防疫，这既是对小狗负责，也是对你自己和家人负责哦。

20.定期给犬驱虫

定期驱虫是极为重要的，你一定不希望小狗把外面的寄生虫带到你的家里，传染给你和你的家人。

定期驱虫对于小狗自身来说其实是更重要的，小狗身上会有数十种体内、体外寄生虫，这里面有让人讨厌的跳蚤、蜱，有让小狗营养不良的蛔虫、绦虫，有让小狗皮肤瘙痒的芥螨、蠕形螨，还有能要了小狗命的心丝虫等。

所以，按时去给小狗驱虫，也是同样重要的哦。

21.绝育其实是爱它的体现

绝育看似残忍，但其实是爱它的体现。

首先，绝育可以减少流浪猫狗的数量，避免宠物们遭受苦难悲惨的命运。其次，绝育还能改变宠物的性格，减少它在发情期外出游荡、打斗、到处撒尿。

最后，绝育可以减少生殖疾病的发病率，延长宠物的寿命。想想看，连人都要计划生育，所以让宠物们也节制生育其实是对宠物负责的体现。

22.怎么知道小狗得病了

很多小狗即使得病了也看不出来，很少表现出什么异常。有时候当你发现它得病的时候，病情都已经很严重了。

不吃食或少食、呕吐、发烧、腹泻、小便异常、睡眠减少、毛发不顺、黏膜发干或变色等，常常都是小狗得病的表现。

所以，一定要经常关心你家的小狗，及时带它去看病。

23.如何带它去看兽医

当你的小狗生病了，你带它去宠物医院前，作为它的主人应当做好如下准备工作，积极配合兽医对宠物的治疗。

首先，你应该与家人分析一下宠物发病的原因和病情；其次，你可以带上动物的粪便、尿液等可能用于疾病分析的样品。

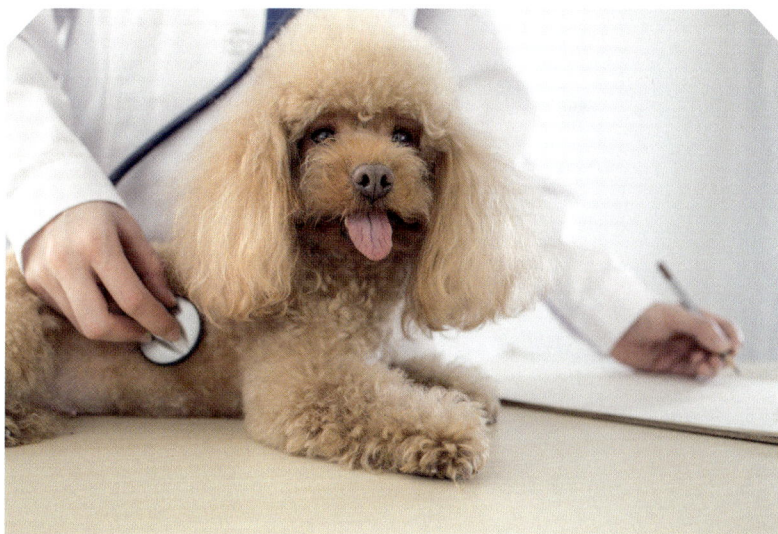

然后，如果你家小狗看过病，则应带上动物的病历，以便兽医了解病史和防疫记录。

最后，也是最重要的一点，宠物的主人一定要亲自到场，这既可以给你的小狗以安全感，也便于兽医了解小狗的情况，毕竟，小狗是不会说话的。

24.陪伴它度过一生

犬的寿命一般在12～15岁之间，2～5岁是犬的壮年时期，7岁以后便开始出现衰老现象。

所以时间对小狗来讲实在太宝贵了，于是小的时候它就成天玩，没人和它玩就自己玩，哪怕是扑自己的影子玩。

狗是我们的宠物，是我们的伴侣，我们都想让它永远陪伴在身边，可是自然法规是不能违反的。

所以，如果你决定要去养一只小狗，那就一定要多花些时间去陪它，和它玩耍，让它带给你快乐的同时，也能快乐地度过它的一生。

距离产生美：小浣熊的矜持

张软软

热门电影《银河护卫队》大家一定都去电影院看过了吧，有没有被银河系嘴炮五人组圈粉呢！作为整部电影的嘴炮担当，火箭浣熊再次吸引了一大波粉丝的少女心。虽然有些凶凶的，但简直就像个家养宠物嘛，还萌萌哒！此刻作为男主的星爵内心是崩溃的。好多妹子看完之后都感叹，想把浣熊和baby格鲁特揣兜里带走，树人带走没问题，可以找个花盆把他养起来——但是想养小浣熊，是绝对不可以的呦！

1.难驯服

小浣熊虽然看上去非常可爱，性格温顺，但这些仅仅是它的表象，事实上小浣熊的性情是不太容易被驯服的，平时也不太亲人，是不能做到像猫猫狗狗一样，依赖主人的。

2.有攻击性

小浣熊的咬合力很强，如果有人或者其他动物惹恼了它，打败小型犬类是没有任何问题的，家里如果有小孩的话，肯定会成为小浣熊

潜在的攻击对象。

3.会打洞

小浣熊还有个"通天"的技能就是打洞，动物园经常会出现小浣熊打洞逃跑的新闻，所以在家里养小浣熊做宠物，家具们可能会有一场灭顶之灾。

4.杂食性

最重要的是，小浣熊是杂食性动物，不光什么都吃，而且很聪明，他们会开冰箱，并且因为杂食的原因，排泄物也比一般的宠物要有"味道"一些。

看到这里小伙伴们一定会觉得有些失望，这么可爱的动物居然不能家养。

小编表示，虽然不能养，但是我们可以去动物园看，虽然不能带回家，但是我们可以买小浣熊干脆面。

嘴巴满足了，心里自然也就满足啦!

不走寻常路，铲屎官别自以为是了

从　心

　　猫因为其可爱的外形、温柔的性格，成为很多人选择宠物时的首选。但是猫猫们白天睡觉，晚上胡闹，有时候甚至会做出种种让你头疼的行为，让你觉得你家的猫猫不正常，但事实往往并非如此。下面，我总结了几种猫咪们常见的让人不能理解的几种行为，请大家看一看，你家的猫咪是不是也是这样呢？

1.和主人蹭脸

　　猫咪和你蹭脸是它对你有好感的表现。

　　猫在脸颊和嘴巴周围都有汗腺，它和你蹭脸是想把自己的一些气味给你。根据猫科动物的礼仪，这其实是一种恭维。

　　所以，请你不要介意猫咪的这种行为，猫咪可是在喜欢你哦。

2.带给你特殊的"礼物"

　　你家的猫咪有时候会带一些死老鼠、死鸟、死蜥蜴给你，你肯定不能理解——明明在家有饭吃，为什么还要出去找吃的呢？

　　这其实也是猫咪在向你示好，它认为你像它一样，都是肉食动物。

　　不过，你还是应该尽量避免让他独自出去，因为它有可能感染狂犬病、弓形虫等传染病，或者有走失的危险。

3.喝马桶的水

你经常看到猫咪花很长的时间来整理自己的仪表，但你一定不能理解他为什么会在梳妆打扮完毕后去喝马桶里的水呢？

猫咪与狗狗不同，狗狗可能会喝地上的脏水，但是猫咪只喝干净、新鲜的水。

马桶里的水经常会更新，而且清洁剂也让马桶里的水闻着更新鲜。

不过，如果你家的猫咪有这样的习惯，你一定不要在马桶里放有毒的消毒剂哦，盖上马桶盖才是最好的解决办法。

4.吃杂草

猫咪经常会主动的去吃少量的草，适量的草有润肠通便的作用，有时还能帮助他把肚子里的猫毛吐出来。

如果您家里的猫咪经常吃自家的植物，你应该多加注意，因为许多植物对于猫来说是有毒的，如芦荟、绿箩等。

5.吃毛线

在极少数情况下，猫猫会吃一些看似不能吃的东西，而毛线似乎有特别的吸引力。有些猫甚至会将毛衣吃出一个大洞。

这种行为常见于长期饲养于屋内的猫咪，可能和猫咪比较孤独有关。

如果你家的猫咪有这种毛病，你可以给他找一些其他的东西来吃，例如上面提到的猫咪爱吃的植物。

6.整天睡觉

你家的猫咪可能一整天一整天的睡觉，你可能会感到惊奇，他怎么能这么困呢？这其实是猫咪的一种特质。

在野外进化的过程中，猫咪会利用任何时间来节约体力，睡觉无疑是最好的方法，只有到了需要的时候，例如捕食时，它才会发挥全力，给猎物致命一击。

7. 舔手指

如果你家的猫咪有舔你手指的习惯，这可能有两个原因：

一个是你家的猫咪喜欢你的汗水或洗手液的味道；

另一种原因可能是这种舔手指的行为就像小孩子喜欢吃手一样，是一种心理安慰。

8. 打喷嚏

猫咪像人一样，也是容易过敏的，会得鼻窦炎或上呼吸道感染。它们也会打喷嚏和流鼻涕。

猫打喷嚏常常是由于感染而引起，有时也可能是对某些东西过敏导致。但是，如果打喷嚏持续超过几天，那就得带它去医院看看病了。

9.整夜不睡觉

自然环境下，猫往往是在夜间活动的。它们利用自己出色的视力来偷袭猎物。大多数家养的猫咪能够调整自己的生活习惯，让自己的作息和人类基本一致。

可是如果你的猫咪是个"夜猫子"，你可以睡前喂饱猫主子，那样可以让它吃饱了就去安心睡觉了。

但是，如果您的猫咪依然彻夜不眠，请带它去看看兽医，这可能是甲状腺功能亢进引起的。

10.夜光眼

在许多古代文化中，如古埃及，都将猫视为神仙。它们的眼睛在黑暗中可以发出明亮的光，这使它们增添了一层神秘感。

但是这种现象其实有一个很科学的解释——猫的眼睛有一层组织称为脉络膜，能将光反射回视网膜，这有助于它们在夜晚中看清猎物。

龟丞相万福：奇特的宠物龟

柴莉莉

龟作为人类的新宠（可不是巴西龟哈），性格温顺，对食物不挑剔，极易饲养，受到宠物爱好者的喜爱，其呆萌憨厚的性情也捕获了大量粉丝温柔的心。你肯定听过以文会友，那你听过以龟会友吗？大家对与我们这么亲近的宠物龟的了解有多少呢？你们知道它有很多奇特的地方吗？

"龟""鳖"还是"王八"，傻傻分不清楚

别急，现在我就告诉你！

我们平时说龟、鳖和王八，印象中是同一种动物，但是事实上它们可是有很大的区别！

在动物分类学上，龟和鳖都隶属于脊索动物门、脊椎动物亚门、爬行纲、龟鳖亚纲、龟鳖目，而龟属于龟鳖目的龟科，鳖属于龟鳖目的鳖科，俗称为王八或者甲鱼；

在形态学上，龟的背甲很硬，有美丽的花纹，有可爱的圆圆的头部，没有牙齿。

而鳖的背甲较软，没有花纹，头是尖的，颈部可以伸得很长，有牙齿，有攻击性（看起来就凶凶的）。

注：上龟下鳖——瞬间觉得还是憨憨的龟比较可爱呀。

王八是鳖的俗称：

在古代，道德标准是"忠孝节悌礼义廉耻"八个字，文人爱用曲笔，说人无耻，不直接说，而是说"忘八"，以讹传讹，就成了王八。

白居易有诗曰："松柏与龟鹤，其寿皆千年"。

所以龟又号称"龟千岁"。

你要这么想，那可就大错特错啦！

想想千年之后我养的龟还能活着是不是有点恐怖？

虽然龟出现于与恐龙同时代的白垩纪，因此被称为生物进化史上的"活化石"，距今已有3亿年的悠久历史。

古人也经常将龟当做长寿的象征。但是龟真的寿命有这么长吗？

我们在这小小地科普一下，龟的寿命受很多因素的影响，所以表现出来的年龄差异很大。

由于受现代社会人类活动的影响，龟的寿命一般在50～70年，超过百岁的很少。

据《世界吉尼斯纪录大全》记载，海龟的寿命最长可达152年。

那么怎么鉴别龟的年龄呢，请往下看。

年龄鉴定：

"千年乌龟万年鳖"，龟的年龄计算方法，一般以龟背甲盾片上的同心环纹的多少来推算，每1圈代表一个生长周期，即一年。盾片上的同心环纹多少，然后再加1（破壳出生为1年），即是龟的年龄。

头部：前部平滑、后部有鳞片。嘴在下前方，嘴里没有牙。用喙啃碎食物；鼻孔一对长在嘴上方；无耳及耳孔。

背甲：外层有盾片，内层有骨板，盾片与骨板的接缝互相交错，加强了龟甲的保护强度。

颈部：因种类的不同，长度及弯曲的程度、方式也各不相同，大多数龟的颈肌可以牵引头部，即"缩头龟"。是否呈U形弯曲是分类的依据。

甲桥：背甲与腹甲之间的连接部分，有些龟的甲桥明显，有的几乎没有，与背甲构造一样。

四肢：有前肢和后肢，都由大腿、小腿、掌、趾、爪组成。

尾部：长在身体后端，尾部有泄殖孔，大多数龟的尾部呈圆锥形。

仔细瞅瞅我们养的龟龟，放眼望去全都是甲壳，那小小的头和小小的尾巴，不仔细看都会被忽略，那么它身体的构造到底是怎么样的呢？看看下面的结构图，绝对一目了然！

皮肤：皮肤较粗糙，表面有鳞片。

腹甲：同样是由盾片及骨板构成，大小、长度、凹凸、厚度均与龟的种类有关。

运动达龟——"肌肉龟"

别看人家走得慢，关键时刻可是比兔子都要快呢！运动达龟可不是虚名，龟的内骨发达，骨化程度较高，几乎没有软骨；由于平时四肢运动较多，所以肌肉发达，颈部伸缩较多，所以颈肌也发达；龟的肌肉与上下甲板相连。

龟全身有150多条肌肉，所以别看龟平时慢吞吞的样子，那可是名副其实的"肌肉龟"！

所以如果想要有一个健美的身材，运动才是王道哦！

一不开心就"咽气"

咦？怎么不开心就咽气了？怎么回事？——别紧张，这儿的"咽气"可不是挂了的意思，且听我慢慢道来。

龟的肺是不能做自主收缩运动的，它借助颈部和四肢的伸缩运动来直接影响腹腔的大小，从而影响肺的扩大与缩小，先呼出气，再吸入气，这种特殊的呼吸方式称为"咽气式"呼吸或"龟吸"。

不用刷牙么

你们知道养只猫咪或者狗狗，最让人头疼的一件事是什么吗？那就是要给它们刷牙，每次我都是被折腾得七上八下，气喘吁吁。

而龟友们最幸福的一件事就是不用给龟龟刷牙，也不用担心它会得牙结石或牙周病！那是因为龟嘴里没有牙齿，它通过喙啮碎食物，食物入口后，肉质的舌头把食物块送到咽喉，直接吞咽下去，通过细长的食道，到达胃腔。

随后依次经过十二指肠、盘转复杂的小肠、盲肠，最后消化吸收后的食物残渣暂留于直肠，在尾部泄殖腔内由肛门口将粪便排出。

"神经龟"

神经龟会发神经吗？不会的，之所以叫神经龟，是因为龟的神经系统很发达（包括中枢神经系统和外周神经系统）。不仅大、小脑很发达，而且脊髓神经和交感神经系统都较发达，皮肤的每一鳞片基部都有神经，所以龟周身有很灵敏的触觉。

"聋哑龟"

看到"聋哑"二字，心里咯噔一下。是的，龟有内耳和中耳，但没有外耳，鼓膜长在外面，所以听觉极其迟钝，几乎听不到，但是对地面传来的震动有反应。

"任外界纷纷扰扰，我自岿然不动！"

所以，一般来说，龟几乎被认为是又聋又哑的动物。

关爱"残障"龟士人人有责！

龟龟眼中的世界

龟的视力较强，视野很广，但清晰度差，对光线反应敏感，对红色、绿色、白色反应也较敏感。

龟对运动的物体较灵敏，而对静物反应迟钝。

龟有两个鼻孔，但只有一个鼻腔，鼻腔内附近的骨上都长有上皮黏膜，梨鼻器是龟的主要嗅觉器官。龟的嗅觉灵敏，在寻找食物或爬行时，总是将头颈伸得很长，以探索气味，决定前进的方向。

龟龟的性别怎么区分呢？

莫急，我自有妙招！

一般来说，雄龟的尾巴比雌龟的长，半水生龟雄性个体小，爪长，雄性也可能后腿上有锯齿；雄性腹甲凹陷，雌性平坦。有些雄龟还有一对扩大的外咽鳞片。

好啦，看完之后是不是瞬间觉得对自家的小可爱龟龟了解得更多了呢？是不是觉得还有很多想了解呀！

参考资料

陈昊然. 宠物宠养丛书——龟 [M]. 北京：科学技术文献出版社，2002.

占家智，羊茜，等. 观赏龟养殖与鉴赏 [M]. 北京：中国农业大学出版社，2008.

赵春光，黄利权. 观赏龟饲养与防病手册 [M]. 北京：中国农业出版社，2013.

凡事预则立：玉米选种备种的几个原则

冯建路

农谚常言道，一年之计在于春！春季不可误农时，夏季同样也是农事的关键期，玉米、大豆、花生等正逢栽培时，这些夏播作物在适期范围播得越早，产量越高，因此做好夏种工作必须争分夺秒。今天我们就来和大家聊一聊，夏季主要作物——玉米的选种备种工作。

品种的选择是丰收的第一步。当前市场上的玉米品种琳琅满目，价格也参差不齐，农民朋友在选择的时候往往存在市场信息不对称、对品种抗逆性缺乏了解、跟风选种等现象。其实，玉米选种是实现稳产高产的第一步，要因地制宜，遵照基本的选种原则进行选种。总的来说包括四个方面的基本原则。

1.适应性原则

种植户可以根据自身的管理水平，实际的灌溉、土壤肥力等生产条件，历年的降水、温度等气候条件来选择，选择适应性好的品种。

2.抗逆性原则

夏季作物在高温条件下生长，病虫害多发高发，品种要对有害生物具有良好的抗性，同时，洪涝、干旱、冰雹等极端天气易发，品种也要对不良气候具有显著抗性。

3.丰产性原则

产量始终是衡量一个品种优劣的重要经济指标，也是有序开展农业生产的先决条件。因此，品种的产量是种植者必须考虑的原则。

4.优质性原则

正规种子生产厂家的外包装上，都会明确标注该种子的净度、发芽率、是否包衣等种子质量信息。也要关注该品种是否通过国（部）审、省审等规范批文。

以黄淮海地区为例，选品种要重点关注其耐密性、出籽率和抗性。应选择耐密、抗倒、结实性好、出籽率高、经济系数高、成熟期和穗型穗位适中的品种。

此外，玉米选种还需注意几个具体问题。

1.根据生产条件选择品种

农业专家的经验是，土壤肥力高、灌溉条件好的地区，应首选高产耐密品种。土壤瘠薄、盐碱及水利条件差的地区，则应选择适应性广、抗旱与耐盐碱力强、稳产性好的品种。机械化程度高的地区，还应考虑机器收获的适宜性。

2.根据气候特点选择品种

选择品种生育期与环境气候相匹配。如，冀中南地区适合种植中早熟或中熟种；北部京津塘地区夏播只适宜种植早熟品种。还要考虑抗台风、耐高温和干旱等特点来选择相应品种。

3.根据病虫害发生特点选择品种

病虫害发生流行具有一定的规律性。比如迁飞性害虫玉米黏虫、草地贪叶蛾、玉米大斑病等。选择品种抗性之缺点不应与当地流行病虫害相吻合，应尽量选择有相关抗性的品种。

4.根据市场需求选择品种

当前玉米的用途较多。比较常见的，如鲜食玉米，甜糯玉米可满足城镇居民的需求，售价相对较高，可以增加收入，但对贮藏条件要求相对较高。饲粮青储玉米，主要供应畜牧养殖企业。粮油加工玉米，主要供应食品企业，可根据企业需求种植高油、高淀粉等品种。

5.选择品种切记不可盲目求新

玉米品种琳琅满目，每年审定的新品种更是数目繁多。选择当地最适宜的，要根据其栽培习性而定，可以参考其他农户的种植效果，也可以通过试种等种植生产实践来验证评价，切忌盲目大面积引进新品种。

小标签蕴含大天地——种子标签二三事

蒲　征

种子是农业生产的基础，从餐桌上的一饭一蔬，到马牛羊的牧草青青，再到节日里的鲜花朵朵，无不是从一颗颗小小的种子开始。根据规定，种子也需要有身份证，这个身份证就是种子标签，上面注明了作物种类、品种名称、产地、质量指标（包括净度、纯度、发芽率、水分）、检疫证明编号等。这些指标都代表什么含义呢？

1.种类与品种

所谓作物种类，就是生物学意义上的种，例如水稻、玉米、小麦。

而品种是作为商品时，人们培育出的在某方面有突出特点的一个类群，比如玉米"中糯一号"、大豆"丹豆五号"、苜蓿"中苜一号"。

一批种子能不能被冠以某品种，是由相关机构根据规定审定的，贯穿于种子生产的全过程：为了从遗传上保证品种的性质稳定，以育种家分离出的种子为第一代，只有二或三代（各国有差异）种子可以用来种植种子田；种子田用于种子用地前几年之内都不能种植过同种作物，种子收获和加工机器也要事先清理，以保证尽量不混杂非本品种的种子。

2.净度与纯度

种子出售前还需要质检机构根据规程进行纯净度检测。

在检测种子净度与纯度时，要将种子区分为净种子（本种作物种子）、其他植物种子（其他作物、杂草种子）和杂质（沙土、砾石等）。净度的计算方法是净种子质量占样品质量的百分数，分母是三种成分质量的和。而纯度是净种子占所有种子的百分数，即分母是净种子和其他植物种子的和。

值得注意的是，一些破损的种子会被归为杂质，一些干瘪甚至生病的种子也会被归为种子，这取决于种子结构是否完整、外观能否识别、功能是否正常。一些检疫性植物（如菟丝子）不论是否完整都要被归为杂质。不同作物种子有各自的检验要求，检验员要严格按照规程逐粒区分。

3.发芽率

检验员将净种子按照规程要求播种在发芽床上并在适宜条件下培养，观察正常发芽、不正常发芽、腐烂和死亡种子。正常发芽种子占供试种子的比例就是发芽率。

需要注意的是，测定发芽率的条件都是无逆境、无胁迫的适宜环境，对于现实播种条件只有参考意义，播种后还需要辛勤的耕耘才能有收获啊。

总之，种子是农业生产的基础，有优质的种子，才能有丰衣足食的幸福生活！

参考资料

毛培胜，韩建国.牧草种子学 [M].北京.中国农业大学出版社，2011.

农业部.农作物种子标签和使用说明管理办法 [Z]. 2016-07-08.

动物们的营养配方：调制优质全株玉米青贮饲料秘诀

孙志强

全株玉米青贮饲料耐贮藏，不易损坏，可以长期保持青鲜状态，是家畜在冬春季节的良好多汁饲料，能从根本上解决枯草季节饲草供应不足和饲草质量不高的问题，为奶牛的稳产高产提供物质保障。"粮改饲"以来，青贮专用玉米的种植面积逐年增加，既为养殖户提供了高质量的饲料来源，又满足了牲畜饲用粗饲料的需要。那么，如何调制优质的全株玉米青贮饲料呢？

全株玉米青贮是开发利用玉米饲料资源、发展节粮型畜牧业的有效手段。所谓的全株玉米青贮饲料，是指将玉米在适宜收获期全株收获，切碎，密封发酵后调制成的青贮饲料。好的玉米青贮需要做到以下几点：

1.选择合适的品种

大量研究表明，不同品种的玉米调制成的青贮饲料的质量有明显差异。可根据地上部的产量，抗性（病，虫，倒伏），穗比例（40%以上）等原则选择合适的品种，进而调制青贮饲料。

2.选择适宜的收获期

目前，无论是在科研还是生产实践中，普遍认为应该在腊熟期

（干物质含量28% ～ 35%之间）对全株玉米进行收获，调制青贮饲料。如果收获期偏早，植株水分含量偏高，营养价值偏低，调制的青贮饲料容易积水且易腐败。如果收获期偏晚，全株玉米的产量降低，且会影响全株玉米青贮饲料的适口性和消化率。

3.注意切碎长度

全株玉米青贮饲料的切碎长度推荐是1 ～ 2厘米，且籽实应该完全破碎，以减少营养物质的浪费。控制全株玉米的切碎长度，不仅有利于压实，也有利于家畜的采食和消化。

4.选择合适的添加剂

研究表明，添加剂对全株玉米青贮饲料的发酵品质影响不显著。但生产实践中发现，在全株玉米青贮饲料的利用过程中，二次发酵现象比较严重。可以选择添加一定量的异质性乳酸菌（布氏乳杆菌），抑制其有氧腐败。添加量可根据添加剂中活性菌的量决定。

5.控制压实

压实是制作青贮的关键，如果制作青贮窖全株玉米青贮饲料，装填时应由内到外呈楔形分段装填，且粉碎后的玉米应该一层一层加入，加料时每层大概25～30厘米，并用大型车缓慢行驶压实，部分区域可人工压实。如果制作裹包青贮饲料，应选用较好的机械，控制压实力度。

6.覆盖密封

覆盖所用的膜应选择青贮用专用膜，铺膜后用重物（废弃轮胎）镇压使密封膜与原料紧密接触，从原料装填至密封不应超过3天，若青贮窖容积较大时，或需采用分段密封的作业措施，每段密封时间不超过3天。若制作裹包青贮饲料时，应控制膜的层数，一般3～5层即可，可根据膜的质量进行调整。

7.贮后管理

调制好的青贮饲料应注重贮后管理，特别是要保持其密封性，尤其要做好防水、防漏气、防动物等相关措施。另外，在取用过程中，原则上每天取用厚度不低于30厘米，且取样时应该保持取样面整齐，切忌造成青贮饲料的堆积。

重归大地：水稻秸秆还田操作技术要点

缪闯和

水稻秸秆还田是发展生态农业、实现农业可持续发展目标的一条有效途径。水稻秸秆不仅可以增加土壤有机质含量，补充因水稻生长造成的养分亏缺，维持土壤的可持续生产能力，还可以避免水稻秸秆焚烧污染环境，维系水稻田土壤的可持续生产能力。下面我们就简单介绍一下目前水稻秸秆还田技术及要点。

水稻秸秆还田应根据机具条件、环境条件、农艺要求和作业习惯，确定合适的秸秆还田整地作业模式，以"埋茬搅浆"模式为宜。

秸秆还田后种植的水稻

1.机具准备与秸秆还田操作

秸秆还田的农机具选择应考虑机具的动力和配套设备，机具产品应符合国家标准，同时注重机具的动力和部件的通用性。秸秆还田的具体操作：

（1）根据作业田块的坚实度或泥脚深度，清除杂物，避免陷车、伤车。

（2）根据秸秆还田的目标设置秸秆高度，设置农机作业速度与转速等参数。

（3）根据田块和机组条件，合理规划收割路线，一般采用四边作业法或旋转作业法，减少边角遗漏。

（4）随时注意秸秆还田质量，及时清理缠草，检查调整作业部件。

水稻收割机具

2.水稻秸秆机械化还田技术要点

选择合适的秸秆还田时间

水稻秸秆还田一般选择收获后立即还田最好。水稻收获时间不同，秸秆的含水量也不同，还田时间过晚，水稻秸秆含水量太低不利于微生物分解。水稻秸秆还田一般应保持水稻秸秆－土壤体系的含水量处于15%～20%。

水稻秸秆粉碎还田后种植水稻

控制还田秸秆数量

秸秆直接还田数量一般以每亩100～150千克的干秸秆或350～500千克的湿秸秆为宜。秸秆高留桩还田的，如水稻等在前作收割时，留茬高度控制在25厘米以下，水稻秸秆还田前应切碎，其长度≤10厘米，均匀抛撒。

水稻秸秆未粉碎还田种植水稻

添加氮肥

水稻秸秆的碳氮比为80：1至100：1，而土壤微生物分解有机物需要的碳氮比为25：1至30：1。表明秸秆直接还田后需要补充大量的氮肥。否则，微生物分解秸秆就会与作物争夺土壤中的氮素与水分，不利于作物正常生长。因此，秸秆还田后要及早增施氮肥，保证秸秆还田发挥效果。

水稻作为我国主要商品粮之一，连续多年获得了较高收成，满足了广大粮农增收致富的愿望。当然在获得增产稳产的同时，秸秆量也随之增加，而利用秸秆还田就很好地解决了这一问题，这种方式不仅能有效利用农业废弃物，还能减少因农业废弃物处理不当造成的环境污染、大气污染、火灾隐患等，未来发展前景一片大好。

量体裁衣：谈谈测土配方的重要性

韩慧黠

如何给土地增加最适量的肥料？为了获得高产量，施肥量高于平均水平，不仅会造成农资成本的提高，而且由于水稻长期浸水的特性，还会导致面源污染等环境问题。此外，每一块土地都有它独特的需求，人们由于不了解土壤的性质，易导致不合理的施用肥料，例如人们往往不重视磷钾肥与氮肥的配合施用。这就需要有科学的施肥方法了。下面我们一起了解下吧。

测土配方是根据不同地块性质决定施肥种类和数量的一种方法。它是以田间试验和土壤测试为基础，根据作物需肥规律、土壤供肥性能和肥料效应，在合理施用有机肥料的基础上，配合施用氮、磷、钾无机肥及中、微量元素肥料，以及制定合理的施肥品种、数量、施肥时期和施用方法，是一项应用性很强的农业科学技术。测土配方施肥可以增加肥料的利用效率，有效地补充作物所需的营养元素，解决土壤养分的供施矛盾，进而提高作物的产量和品质。

测土是前提。选择有代表性的区域进行取土，然后经有关部门化验分析土壤基本性质，建立数据库，进行数字化管理。例如土壤的酸碱性会影响肥料的有效性。过酸或过碱的土壤条件，速效磷易转化为作物难吸收的迟效磷，降低磷肥的利用效率。pH在5.2～6.3，有利于水稻对磷的吸收。

配方是重点。根据土壤肥力状况，开展有效的田间试验。根据土壤的供肥特性和作物的需肥特性制定合理的配施比例、配施量。肥料对作物的增产占到40%～60%，施肥管理是水稻生产过程中的重要环节，科学合理的施肥方式有利于培肥土壤和增加水稻产量。

施肥是关键。水稻中不能施用硝态氮（反硝化作用会损失），应施用氯化铵肥。水稻在不同生长阶段对养分的需求种类和需求量不尽相同。生长中期对养分的需求较高，在此阶段施用肥料对水稻的产量和品质影响较大。可以直接向种植户提供配方肥，也可以提供相应的施肥建议，让农户自行购买肥料，配合施用。

调节和解决土壤和作物的供需矛盾是核心。根据土壤类型、作物生育特性和需肥规律，制定相应的模式。有针对性地进行施肥，缺什么就施什么，缺多少就施多少，解决好养分平衡问题。化肥肥效快，有机肥肥效持续，结合施用效果更好。基肥应以有机肥为主，化肥为辅。为促进秧苗早生快发，可以将30%～50%速效氮肥作基肥。施用磷钾肥可加速水稻分蘖，增强光合作用，提高结实率，增加产量。也要适当地补充中微量元素，减少作物病虫害。

根据当前市场形式的变化，以及消费者对农产品的需求目的，测土配方施肥具有很广阔的前景。此外，测土配方施肥所具有的优势也能大幅度地提高农民的收入，减少化肥的投入量，同时合理的营养元素施入，也能够使果实的品质以及产量发生质的变化。

幽冥之花：曼珠沙华的前生今世

郝丹丹

　　传说，花妖（曼珠）和叶妖（沙华），守护了彼岸花几千年，可是从未见面的花妖和叶妖疯狂地想念着彼此，并被痛苦折磨着。在一年的七月，曼珠与沙华偷偷地违背了神的规定见了面，神怪罪下来，把曼珠和沙华打入轮回，并被永远诅咒，生生世世在人间遭受磨难，不能相遇。曼珠和沙华每一次转世在黄泉路上，闻到彼岸花香就能想起自己的前世，然后发誓再也不分开，却在下次依旧跌入诅咒的轮回。这就是曼珠沙华的来历，它究竟是一种什么作物呢？为什么又被称为"幽冥之花"呢？

"花开时不见叶，有叶时不见花。花叶两不相见，生生两相错"。曼珠沙华（梵语：Mañjusaka），又名红花石蒜。多年生草本植物，自花授粉植物，为血红色的彼岸花，地下有球形鳞茎，外包暗褐色膜质鳞被，叶带状较窄，色深绿，自基部抽生，发于秋末，落于夏初。花期为夏末秋初，约从7月至9月。花茎长30～60厘米，通常4～6朵排成伞形，着生在花茎顶端，花瓣倒披针形，花被红色（亦有白花品种），向后开展卷曲，边缘呈皱波状，花被管极短，雄蕊和花柱突出，花型较小，周长在6厘米以上。蒴果背裂，种子多数，一般以鳞茎3～4年繁殖一次。

它广泛分布于东亚各地，在越南、马来西亚等国也有分布。野生品种生长于阴森潮湿地，其着生地为红壤，喜阴，也能忍受高温，极限为日平均温度24℃。喜湿润，也耐干旱，习惯于偏酸性土壤，以疏松、肥沃的腐殖质土最好，有夏季休眠的习性。

曼珠沙华虽美，球根含有生物碱利克林毒，可引致呕吐、痉挛等症状。因此，切记不可私自服食。同时，它对中枢神经系统有明显影响，可用于镇静、抑制药物代谢及抗癌，还可用于消肿、治淋巴结结核、疗疮疖肿、风湿关节痛、蛇咬伤、水肿，被称为健康的守护神，又名舍子花或舍利子，种植的彼岸花还能起到一定的杀虫、灭蛆、防瘟疫等功效。

此处为大家整理了如何栽培和如何防治病虫害的小秘诀。

栽培

把主球四周的小鳞茎剥下进行繁殖，将主球残根修掉，晒两天，待伤口干燥后即可栽种，覆土时，要使球的顶部露出土面，盆栽选用生长3年能开花的大球（直径在7厘米以上），盆栽可一盆栽一球，也可一大盆栽 3 ~ 4 个球，要浅植，使球的 1/3 ~ 1/2 居于土面上，上盆后浇水 1 次，使土略微湿润即可，待发出新叶后再浇水，每半月施液肥 1 次。在秋季叶片增厚老熟时，可停止浇水。待 2 ~ 3 月间萌芽后，再予以翻盆或更换盆土，培养土可用泥炭 2 份、园土 2 份、珍珠岩 1 份混合配制而成，同时加入少量的基肥，夏季休眠期浇水要少，春秋季需经常保持盆土湿润，生长季节每半月追施 1 次稀薄饼肥水。夏季避免阳光直射，春秋季置半阴处养护，越冬期间严格控制浇水，停止施肥。

常见病害防治

常见病害有：炭疽病和细菌性软腐病。鳞茎栽植前用 0.3% 硫酸铜液浸泡 30 分钟，用水洗净，晾干后种植。每隔半月喷 50% 多菌灵可湿性粉剂 500 倍液防治，发病初期用 50% 苯来特 2 500 倍液喷洒。

过程管理的奥妙：如何让富硒火龙果好看也好吃

徐　强　彭要奇

火龙果，红红火火，营养丰富，近些年已成为不少家庭的常备水果，特别是富硒火龙果更是受到消费者的青睐。如何让他们好看又好吃是很多种植者常常思考的问题。这可能就需要在管理过程中下工夫了。

火龙果是仙人掌科、量天尺属植物，又称红龙果、龙珠果、仙蜜果、玉龙果。果实呈椭圆形，直径10～12厘米，外观为红色或黄色，有绿色圆角三角形的叶状体，果肉呈白色、红色或黄色，内有黑色种子。火龙果营养丰富、功能独特，它含有一般植物少有的植物性白蛋白以及花青素，丰富的维生素和水溶性膳食纤维。火龙果属于凉性水果，在自然状态下，果实于夏秋成熟，味甜，多汁。

目前，在水稻等粮食作物上都已有对硒的吸收、转化、积累等方面的研究，而在水果方面还鲜有报道。水果的含水量基本都在 50% 以上，因此，在合算硒的干物质含量时，水果的含硒量会大于大田作物，能更有效地为人体补充硒元素。

富硒火龙果品种筛选的目标就是要获得能适应环境且在较大地域范围和不同年份都保持较高硒含量、稳定性强、适应性广的品种，因此，建议当地增强

与科研院校的合作，如中国农业大学、中国农科院等，邀请专家进行技术培训和指导，并进行筛选鉴定火龙果硒含量高、稳定性好的种质材料。

富硒作物的生产主要通过施加外源硒肥的技术来实现。虽然施用硒肥能够提高作物的硒含量，但是在生产实践中硒肥的使用仍然存在着很多的问题。比如，硒肥的施用时间、施用量以及施用方式等问题并没有得到很好的解决。这些问题存在的主要原因就是不清楚土壤供硒状况，不能有针对性地根据土壤供硒状况进行硒肥的调控。因此，建议在火龙果生育期间采用测土配方技术，与叶片喷施硒肥达到时间、空间上的同步。

目前，在富硒植物的生产上还没有统一的国家标准。现在常用的富硒肥料硒酸钠属于 A 级化学药品，对人体有剧烈的毒性。并且多数施用时还采取叶面喷施的方式，这更加大了生产安全隐患。建议根据地方条件，尽量减少危险化学品的使用，制订硒肥施用的统一安全标准，包括施用办法和操作规范，以保障富硒水果的安全标准化生产。

如此看来，富硒火龙果的生产有相当大的发展空间，若能培育得当，不仅能让火龙果更富营养价值，而且能带来经济收益。值得一提的是，火龙果不仅仅能作为日常的水果食用，它果肉里丰富的维生素、花青素、植物蛋白等，也有很高的医用价值，经常食用能防止血管硬化、排毒护胃、美白减肥、预防贫血等。除此之外，它的花可烘干制成菜，果皮的颜色可提炼做成食用色素，可以说，火龙果浑身上下都是宝！

但是，并不是所有人都可以肆无忌惮地食用火龙果。火龙果属凉性，且果肉里富含的葡萄糖不是很甜，但糖分却比一般的水果要高，因此，糖尿病人、体虚体寒者不宜过多食用，适量就好！

藕断丝未连：如何防治莲藕病虫害

周晓飞

"接天莲叶无穷碧"，莲花自古就是很多文人墨客寄托情思之物。近些年，莲藕更是成为农业结构优化调整、生态农业发展的主要水生蔬菜之一，也是重要的观赏性植物。但是，藕池周年和连年重茬种植，造成土壤病菌积累严重，引起病虫害的发生呈蔓延趋势，给莲藕生产造成了一定的损失。那么，连年种植莲藕病虫害有哪些呢？如何防治这些病虫害的发生呢？

莲藕病虫害

莲藕常见且危害较重的主要病虫害有"一病一虫一草"，即莲藕腐败病、莲藕蚜虫和藕田草害，栽种两三年的老藕田还有食根金花虫即藕蛆发生较重。

莲藕腐败病

莲藕腐败病：俗称"藕瘟"。一般6月上旬始发，7月中旬至8月上

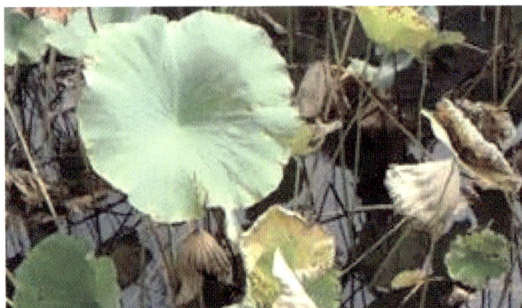

旬盛发（一般在小暑、大暑期间为发病高峰），阴雨连绵、日照不足和暴风雨频繁易诱发腐败病的发生，入伏时水温高于 35 ℃以及施用未腐熟的有机肥，偏施氮肥和连作老藕田均易发病。

莲藕蚜虫病

莲藕蚜虫俗称"蜒"，是一种很小的刺吸式口器害虫，靠吸食植株汁液生存，导致植株发黄枯死，5月中下旬夏收时节大量的蚜虫迁入藕田为害，严重时在叶柄处形成一个黑色的"蚜棒"并使藕叶卷缩。

莲藕生长前期，田中滋生各种杂草，如不及时拔除，将与莲藕争养分、遮光，严重影响莲藕生长。一般新藕田草害较重，目前没有安全的藕田除草剂，仅靠人工拔除为主，即在荷藕生长前期，采用人工拔除，将杂草集中带出或踩入土中肥田；若田中水绵严重，可用纱布包上硫酸铜放在进水口即可。

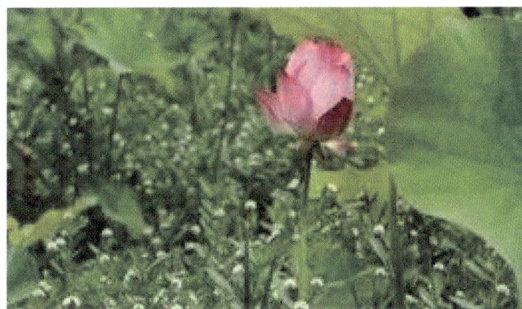

接下来，是针对以上病虫害的防治对策。

农业防治：①发病重的藕田实行轮作，以水旱轮作为主，还可以与不同作物轮作。如与粮食作物或其他水生植物轮作，发病田块需隔5～6年后再种植莲藕。藕塘种藕3～4年，再养鱼3～4年，然后再种藕，是较好的轮作方式。② 施肥以底施腐熟的农家肥为主，每公顷施农家肥30 000～45 000千克或腐熟人粪30 000千克、过磷酸钙600～750千克、尿素150～225千克、硫酸钾105～150千克，有条件的增施草木灰1 500～3 000千克。

生态防治：在加强莲藕正常栽培管理的基础上，重点做到：①合理密植，确保藕田通风透光。②生病期深水灌溉，降低地温抑制病菌繁殖。③留种莲田每天保持深水浸泡，切勿排干水和冬翻晒垡。④彻底清除发病藕田病株、病残体和田园杂草，并深埋或集中烧毁。⑤利用藕田养鸭、养鱼控虫除草，控制莲藕基部病虫草的危害。

药剂防治：土壤消毒和种子处理，使用可湿性粉剂类的农药先要稀释并搅拌均匀再配制药液，以免灼烧藕叶；喷药前一定要清洗喷雾器，谨防施用除草剂后未清洗喷雾器而发生药害。

最后，来个小总结

认真贯彻"预防为主、综合防治"的植保方针，发现病株及时治疗，将损失降到最低。

精耕细作：重视滇黄精栽培的种植过程

刘晓庆

中国西南边疆，由于独特的地理环境，盛产很多珍稀的药材，"云药"之名享誉海内外。有一种叫"滇黄精"的作物就是其中重要的组成品种之一，是药材中的精品，因此成为众多药农争相种植的对象。但是，它的要求却不低……

滇黄精，又名：节节高、仙人饭，为百合科黄精属植物。根状茎近圆柱形或近连珠状。叶轮生，先端拳卷，花被粉红色。浆果红色，具7～12颗种子，为重要的"云药"品种之一，具有补气养阴、健脾、润肺、益肾的功效。多见于云南、四川、贵州。生林下、灌丛或阴湿草坡，有时生于岩石上，海拔700～3 600米。越南、缅甸也有分布。滇黄精具有广泛的临床应用基础及良好的开发前景，那么，滇

黄精栽培种植过程中需要注意些什么呢？如何选择土壤？喜阴还是喜阳呢？

首先，选择土质肥沃、土层稍厚、腐殖质含量高的土壤。深耕细作，耕地时用多菌灵或中药杀菌剂进行土壤消毒处理，做平畦或高畦。

其次，建立遮阴网或者林下种植非常有必要，因为滇黄精喜阴，阳光过强会影响滇黄精的生长。

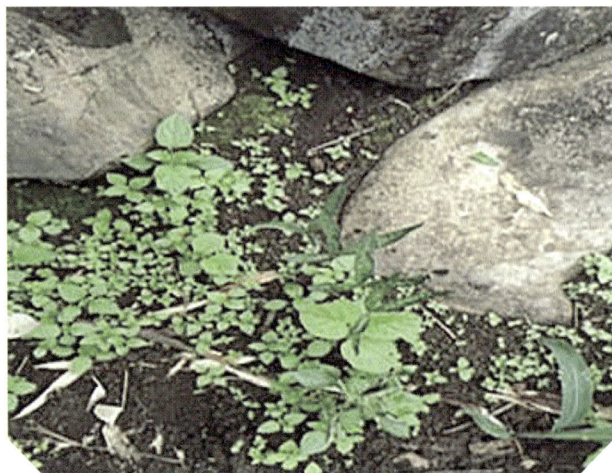

第三，田间管理过程中应保持土壤湿润，旱季要注意及时灌水，雨季要注意清沟排水，以防积水烂根。

最后，要注意中耕除草与病虫害防治，除草过程中应特别注意浅除避免伤及滇黄精芽及根茎，病虫害的防治宜选用植物源农药或者采用生物防治的方法。

如此看来，滇黄精也是很娇生惯养的。特别值得强调的是，滇黄精种子存在休眠的特点。如果是采用种子繁殖的方式进行种植时，应进行低温层积，待休眠破除后再将滇黄精种子种植到苗圃或者育苗盘里，待出苗整齐后进行移栽。而如果是用根状茎切块繁殖的方式进行种植时，应选择幼嫩部位带有芽痕的块茎切段，伤口蘸取草木灰，置于阳光下晾晒至切块稍微萎蔫后再进行种植为宜。

我不吃素：爱吃肉的捕蝇草

郝丹丹

说起大口吃肉、无肉不欢，你大概会想到各种在餐桌旁大快朵颐的情形而忍不住咽口水吧。然而，我们今天的主角虽说只是一种植物，却也是超爱吃肉的呢，真真是植物界的一股泥石流哇！吃法是粗犷了一点，不过省去了煎炒烹炸闷溜熬炖等多种繁杂的工序，可以避免像灰太狼一样把千辛万苦抓来的肉弄丢。如此神秘的捕蝇草，到底是个什么样的吃货呢？

捕蝇草与维纳斯的今生前世

捕蝇草的名字来源于一个美丽的希腊神话，海洋女神狄俄涅（Dione）与宙斯生下了维纳斯（Venus）——爱与美之神（Dionaea=Venus），维纳斯用自己的美丽狩猎爱情，让人一旦陷入爱情便无法自拔，由于捕蝇草利用美丽的外表来吸引并捕食蝇虫的套路，像极了维纳斯，因此1768年这种植物被命名为"Dionaea"。

捕蝇草的家世籍贯

捕蝇草属于茅膏菜科捕蝇草属（*Dionaea*），全属仅1种。在原产地卡罗莱纳州，捕蝇草生长在潮湿的砂质或泥炭的湿地或沼泽地，对于其原生地美国都指定为保护地区，经过栽培技术和组织培养技术的大量生产，目前已经很容易在市面上买到捕蝇草。

捕蝇草的相貌体态

捕蝇草拥有完整的根、茎、叶、花朵和种子，叶片是它最主要并且明显的部位，拥有捕食昆虫的功能。

叶子由中心部位生长出来，属于轮生的叶子，显连坐状以丛生的形态生长，中央长出来的扁平好似翅膀形状的是属于叶柄的部分，因为像是叶子，所以也称作假叶。捕蝇草的开花时期为初夏到盛夏，初期的时候会长出花茎，正常状况下为5片花瓣和5花萼，捕蝇草的种子为黑色吊坠形籽粒，其长约0.15厘米，宽为0.1厘米左右。

捕蝇草的种子通常都不容易保存，应尽量在采收后一年内进行播种，通常超过半年发芽率就会很低，超过一年基本就很难发芽了。

捕蝇草的进餐原理

第一步诱敌深入。捕蝇草会分泌出一种化学物质，这种物质可以吸引一定距离内的蝇虫靠近。

第二步瓮中捉鳖。蝇虫受到化学物质的吸引后，会情不自禁地在捕蝇草的叶子上驻足，此时捕蝇草叶子上的感应器感受到猎物的到来，就会产生微弱的电流来传递信号，使叶片迅速闭合。

第三步大快朵颐。在禁闭蝇虫后的数天内，捕蝇草会分泌一定的消化液，将蝇虫消化成为自身生长发育的养分，猎物被消化后叶荚才会再度打开。

捕蝇草的种植技术

种植捕蝇草需要使用保水性好、酸性的基质，例如纯水苔，使用矿物质含量低的水（如雨水、纯净水等），空气湿度应保持在50%以上，生长适宜温度为20～30℃，适宜的光照能使植株强壮、叶荚更大、颜色鲜艳。在生长季节可使用通用复合肥喷施或者微施的方法，夏季可喷洒广谱杀菌剂防治病虫害。

捕蝇草的繁殖方法主要有三种

一是把整片叶子从母株上剥下斜插于水苔等洁净的基质上；二是将侧芽的鳞茎挖出单独栽培；三是将种子直接撒于潮湿洁净的基质表面后，保持高湿度和明亮的光线。赏心悦目之余还能杀虫灭蚊哦，绝对纯天然无刺激！

随风飘扬：蒲公英的约定

郑 玄

小时候可真好，还记得自己最喜欢和那个他坐在篱笆旁，听蝉鸣折野花。喜欢跟他坐在草地上看那一丛丛黄色小精灵发呆，喜欢摘一株饱满的毛茸茸的蒲公英，趁他不注意吹在他的脸上。有一次他就问我，你这么喜欢蒲公英，你知道它们长这么大有多不容易么，经历了风雨飘摇的境地，仍选择顽强生存。我呆呆地看着这一团毛绒绒的蒲公英出了神。作为学植物专业的他得意地拍了我一下头，"笨蛋，就知道你只会玩儿，给你普及普及……"

蒲公英的"一朵花"其实是由很多朵舌状花构成的头状花序，花轴极度缩短、膨大成扁形；花轴基部的苞叶密集成总苞，多数花集生于一花托上，形成状如头的花。

一片片黄色的"小花瓣"拔出来其实就是一朵小花。

蒲公英倒卵状披针形的瘦果再加上白色的长冠毛，就好像一个个降落伞，可爱极了。

落到地上就是它们下一个轮回开始。

他扭过头来看到我一脸惊奇又崇拜的样子，眉毛一挑接着说，你别看它这么小，这里边可大有文章，这小东西好处多着呢！

据《本草纲目》记载，蒲公英具有清热解毒、消肿散结及催乳作用，对治疗乳腺炎十分有效。

此外，蒲公英还有利尿、缓泻、退黄疸、利胆等功效，被广泛应用于临床。

小时候经历的事情总是美好的，但是回到现实总是残酷的。

送我蒲公英的他已经成家。还有谁会爱上相貌平平的我？

谁愿意陪我一起在这陌生的城市打拼？

不经意间，在绿油油的草地上瞥见了一抹黄色。

风中，这一群"小精灵"打闹嬉戏，吸引了我的注意。

原来又是它们。

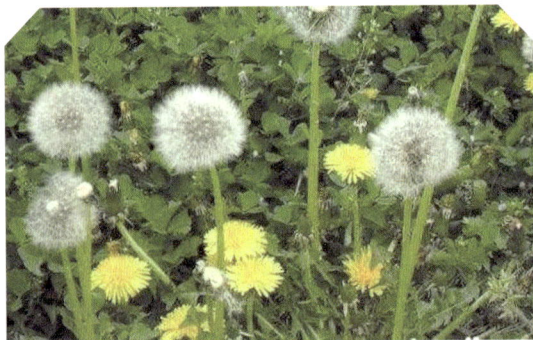

其实细细想来，自己钟情于蒲公英或许不仅仅因为它是小时候记忆里的风景。

更是由于它并不因平凡而自怨自艾，尽管开花于不起眼的角落，它只想着尽情自信地展现开放，因为它坚信总会有人爱上自己。

开花后，尽管前途未可知，仍然豁达地随风飘到新的地方孕育新生命。

大多数的我们都是平凡的，但也可以活得精彩，总有我们自己的观众。小时候送我蒲公英的那个他，再见了。

我正在认真地开始人生的下一段旅程。

擦亮你的眼：小姐姐们不要被假玫瑰骗啦

郝丹丹

夏天，一个躁动的季节！还没有表白的男宝宝们勇敢地将玫瑰送给心仪的人儿吧！各位姑娘们收到这样一束花是什么感觉呀，是不是感觉美滋滋儿哒！好，人留下，花你带走！那么问题来了，姑娘们你收到的那一捧真的是玫瑰吗？

答案是：现在市面上销售的几乎都是月季！

月季、蔷薇和玫瑰，摆在一起，是不是让人眼花缭乱，根本分不出谁是谁！

玫瑰　　　　　　　　月季　　　　　　　　蔷薇

不要着急，我带大家来一一分辨！

月季是蔷薇亚属月季组，一般一年多次开花，不具备浓郁的玫瑰花香或不具香气。花朵大而鲜艳，枝刺较少，花朵多单生。鲜花剪下后保鲜期长，一般可保存数天或数周。

蔷薇是蔷薇亚属蔷薇组，一般花朵小，单瓣或重瓣花。多为藤本。蔷薇大多每年开一次花，但一般蔷薇花量大，观赏效果好，植株高大，适应性强，枝繁叶茂。

玫瑰花属于蔷薇亚属桂味组，具有浓郁玫瑰花香，一年一次开花，花朵被剪下后会很快萎蔫。

这么看来玫瑰好娇气呀！它只能用于提取玫瑰精油、制作玫瑰花茶、玫瑰酒、玫瑰酱及制药等。

既然如此，怎样才能甄别看到的花到底是不是玫瑰呢？"葵花宝典"送给你，拿好，不谢！

月季

香味不明显，花瓣较厚，鲜花剪下后可较长时间保持。每一复叶只有3～5片小叶，小叶较大，叶面较平无皱纹。茎为直立灌木类型或木本型，枝干上的刺纹稀疏，新枝为紫红色。

玫瑰

有浓郁香气，花瓣重瓣较少且花瓣较薄易失去水分而萎蔫。每一复叶有5～9片小叶，小叶叶片不卷曲且较薄、表面有皱纹。茎为直立灌木类型，枝干上密生刚毛与倒刺，枝条为黑色。

蔷薇

花瓣香味比较清淡，重瓣通常比玫瑰多。每一复叶常有5～9片小叶，小叶叶面平展，有柔毛。茎为蔓生型，枝多细长而下垂。

三位花仙子的真身你们分清楚了吗？

心动不如行动，赶紧去捧着玫瑰，哦不，捧着一束月季去表白吧！

植物界"大熊猫"：有颜有质还有料的金花茶

李若瞳

1960年，中国科学工作者首次在广西南宁一带发现了一种金黄色的山茶花，从此，"金花茶"就诞生了。国外科学家们见到后，亲切地称之为"神奇的东方魔茶"，同时，"她"也被冠以了"植物界大熊猫"、"茶族皇后"的美称。很多人见到它，都对它一见钟情了，被它的魅力迷得云里雾里。

金花茶属于山茶科、山茶属，与茶、山茶、南山茶、油茶、茶梅等为孪生姐妹，是国家一级保护植物之一。

金花茶的花呈金黄色，耀眼夺目，仿佛涂着一层蜡，晶莹而油润，似有半透明之感。花单生于叶腋，花开时，有杯状的、壶状的或碗状的，娇艳多姿，秀丽雅致。金花茶的叶片呈鲜绿色，其上附着一层厚厚的蜡质层，所以很是鲜脆，也就很容易断裂。

据考证，金花茶是一种十分珍稀又古老的植物，极为罕见，分布极其狭窄，全世界95%的野生金花茶分布于广西防城港市十万大山的兰山支脉一带，生长于海拔700米以下，以海拔200～500米之间的范围较常见，垂直分布的下限为海拔20米左右。

金花茶喜温暖湿润气候，喜欢排水良好的酸性土壤，苗期喜荫蔽，花期喜阳光。

目前，在我国广西防城港市的西南边陲，东南濒临北部湾，西南与越南接壤的地方，安安静静坐落着一个边境小城——东兴，其独特的亚热带气候造就了珍贵的金花茶自然资源，具有生产金花茶的优越条件，已成为国家重要的金花茶产区。

到2016年，金花茶种植面积已经达到10 000亩*。所以，家有"金花"不再是梦！

但是，虽然目前已经培育出的金花茶有30多个品种，每个品种都有其各自的生育特点，但可供生产的品种却少之又少；加之金花茶的开花数量相比之下依旧非常少，人工成本与加工成本都很高；而且，其叶片蜡质层非常厚，很容易在外力条件下撕破，想要将叶片冻干做

---

* 　1亩 =1/15 公顷。

成更加美观的商品，还缺乏相关的技术。

所以，我们的宝贝"金花"，依旧是稀世珍品……

这么珍贵的金花茶，肯定特别好吧，那必须呀！

金花茶对我们人体有相当好的功效。经多方权威机构检验表明：金花茶属无毒副作用级；内涵400多种营养物质，如茶多酚、茶多糖、总黄酮、蛋白质、维生素B$_1$、维生素B$_2$、维生素C、维生素E、叶酸、β-胡萝卜素等，它具有明显的降血糖、降血压、降血脂、降胆固醇的作用，对糖尿病及其并发症有独特神奇的功效。与此同时，金花茶能改善因高血压而引起的各种不适症状，能降低血清中的胆固醇和β-脂蛋白，促进胰岛素分泌，增强免疫力，调节血流量，防止动脉硬化、抗菌消炎、清热解毒，通便利尿去湿，促进肝脏代谢，防癌抑制肿瘤生长等。

所以，爱茶的小伙伴们，是不是也跟我一样，爱上"她"了呢！

赐予我能量吧：蔬菜的需水灌水

姜言娇

蔬菜是种植业中耗水最多的作物，蔬菜用水效率的提高对于蔬菜种植业的用水量关系重大。在我国水资源短缺情形下，如何合理高效发展我国的蔬菜种植业，提高蔬菜的水分生产力是各级政府和蔬菜种植户面临的严峻问题。那么，如何有效地解决蔬菜的需水灌水问题呢？

为解决蔬菜种植业发展受到水资源制约的问题，许多地区都会采取灌溉等农田管理措施发展蔬菜种植业，但由于对于蔬菜种植合理用水缺乏有效指导，灌溉用水不合理导致了严重的水资源损失。

1.蔬菜种植分布

资料显示，我国的大宗蔬菜包括大白菜、西红柿、黄瓜、萝卜、圆白菜、茄子、芹菜、大葱、蒜头、菠菜、胡萝卜、四季豆、油菜13种，这些是我国人民几乎每天都在吃的家常菜。我国各省都有蔬菜种植，调查显示每年蔬菜种植面积约在2.8亿亩左右，种植面积高于750万亩的省份达到15个，山东、河南、江苏是蔬菜种植排名前三的省份。我国的蔬菜种植区域主要分布在华南与长江中上游冬春蔬菜区、黄土高原与云贵高原夏秋蔬菜区、黄淮海与环渤海设施蔬菜区、东南与东北沿海出口蔬菜区、西北内陆出口蔬菜区等地区。

2.蔬菜需水问题

我国的蔬菜生产分为露地生产和设施生产两大类，其中设施生产以日光温室和塑料大棚两种形式更为普遍。

由于各类蔬菜长期生活环境的水分条件不同，所以在蔬菜的自身构造和生态习性等方面均存在比较大的差异，茄子和黄瓜等根系发达、叶面积大、生长速度相对较快的蔬菜蓄水量较大；菠菜和辣椒等生长期叶面积较小、根系不发达、生长和吸收速度较慢的蔬菜需水量相对较小。在自身构造方面，蘑菇一类含蛋白质和脂肪较多的蔬菜相对山药、土豆等含淀粉多的蔬菜蓄水量较大。当然，同一种类蔬菜的不同品种之间需水量也存在差异，科学家们一直致力于培育耐寒和早熟的蔬菜品种，其需水量相对较少。

3.蔬菜灌水问题

目前我国蔬菜灌水主要有大水漫灌、沟灌、管灌、滴灌和渗灌等灌水方式，露地蔬菜现在多采用大水漫灌和沟灌方式，设施蔬菜基本已经实现响应国家号召，多采用滴灌、管灌等方式。研究表明，滴灌和管灌、渗灌等灌水方式的水分生产力更高，是更为值得推荐的灌水方式。调查显示，目前我国设施蔬菜中茄子和萝卜等需水量多的蔬菜灌水量一般为2 500～45 00立方米/公顷，而菠菜和大白菜等需水量较少的蔬菜灌水量在2 000～3 000立方米/公顷左右即可满足其需水问题。

常见的灌水方式：

漫灌

沟灌

滴灌

喷灌

管灌

渗灌

何处觅芳踪："生物质"的藏身之处

高游慧

对于绝大多数人，一提到"宝藏"，都会眼前一亮。那要是谈到"垃圾"呢？大家是不是会立马想到那种苍蝇满天飞的景象，还伴有独特又难忘的味道？那么这些又跟生物质有什么关系呢？大家又会疑惑什么是生物质呢？下面我们就一起来跟大家分享一下神奇的生物质。

什么是生物质

生物质直接或间接来源于太阳能，最初由光合作用形成，包括植物、动物、微生物的残体及它们的代谢物。

也可以说，生物质是指经过生物体生命活动所形成，具有一定的能量、养分、机械强度或生理活性功能的所有有机物质。

生物质占据什么样的地位呢

据统计，不含太阳能的清洁能源可开采资源量为20.3亿吨标准煤，其中可再生能源占97.1%，生物质占51.7%。生物质原料资源量是大水电的2.62倍，风能的3.13倍。

我国可利用的生物质资源主要有哪些呢

若按来源划分，生物质资源可分为：废弃物资源和能源作物。其中废弃物资源包括：农业废弃物、林业废弃物、工业加工废弃物

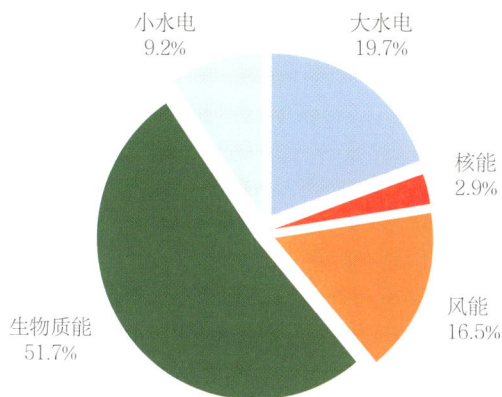

小水电
9.2%

大水电
19.7%

核能
2.9%

风能
16.5%

生物质能
51.7%

注：标准煤指中国清洁能源资源（不含太阳能）
产生 7 000 千卡／千克热量的煤炭。

和生活废弃物；能源作物包括：糖类植物、淀粉类植物、草本纤维素类植物、木本纤维素类植物等。我国每年生物质资源量折 12 亿吨标准煤（tce）。其中，能够作为能源利用的农、林、牧废弃物约折

稻壳

玉米芯

废弃木材

锯末

合8亿～9亿吨标准煤。年产秸秆约8.23亿吨，其中可利用的秸秆产量约3.2亿吨。农产品加工废弃物3.4亿吨（包括稻壳、玉米芯、花生壳、甘蔗渣等），其中可利用量约0.6亿吨。林木下脚料约5亿吨，能够回收的约3.5亿吨。全国畜禽废弃物约32亿吨，可利用的资源量约为8.4亿吨。生活废弃物约15亿吨，可利用资源量约为0.8亿吨。

鸡粪

羊粪

生活垃圾

厨余垃圾

怎样使生物质资源转化为宝藏呢

生物质工程就是通过生物、化学等方法或手段将生物质资源转化为可利用的宝藏！

以常见的秸秆资源为例，可以将秸秆压缩成固体燃料、直燃发电、秸秆热裂解气化、沼气发酵、材料转化（板材／可降解餐具等）、饲料转化、肥料转化等。

固体燃料

板材

可降解餐具

饲料

基质

肥料

葡萄熟了：神奇的植物生长调节剂

杨志昆

激素，一个听了让人望而却步的词语，毕竟社会上经常报道激素所产生的种种危害。而植物激素，却是一种安全绿色高效农药的代名词，因为只有植物体内有相应的受体蛋白，而人与动物体中没有该蛋白，再加上植物激素很小的量就能产生良好的效果，一般施用量较小，对人和动物不会造成危害，反而能有效促进生长发育，是不是很希望获取它们呢？

植物激素虽然如此优秀，却因产量太少不能被商业化利用。但是，充满智慧的人类不会就此止步，科学家们仿照植物激素的作用机制，开发出了具有异曲同工之妙的植物生长调节剂，简称植调剂，它是指一类人工提取或者合成的具有调节植物生长发育功能的化合物，能有效促进或抑制植物的发芽、生根、花芽分化、开花、结实、落叶等，被广泛应用于农业、园艺和林业等生产中。下面举个简单的例子带领大家一起感受一下植调剂的神奇。

葡萄，世界上最古老的水果之一，想起来就让人忍不住分泌口水，作为葡萄科葡萄属木质藤本植物，它具有优美的身形，枝干呈圆柱形，有纵棱纹，表面无毛或被稀疏柔毛，叶片呈卵圆形，根部分枝发达，犹如盘虬卧龙，花开时呈圆锥花，果实球形或椭圆形且颜色多样，花期为4—5月，果期8—9月。葡萄的最适生长温度为20～30℃，不同时期对水分有不同的需求，在我国各地均有种植。

葡萄树看起来这么美，其实它最初可以只是一个小树枝。拿一节葡萄枝，挖个坑，埋点土，保持温度和湿度，数个1、2、3……15天，才能长出根来。但是，将枝条浸于ABT生根粉（有效成分为吲哚丁酸、萘乙酸等生长素）含量为200～500毫克/升溶液中30秒后再扦插，数个1、2、3、4，不到5天就长出了根，有没有觉得能吃到葡萄的日子更近了。

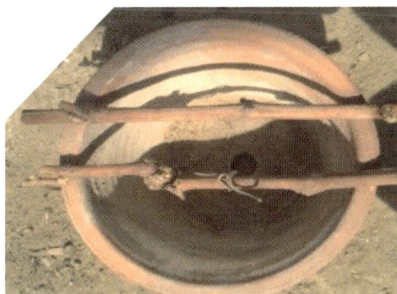

在葡萄的生长期间，不要觉得好水好肥养着它就万事大吉了，这时正是打造完美株型的好时候，好的株型长出来的葡萄色泽好，果粒大，结果多，便于采摘。在新梢长势正旺，葡萄还没有开花的时候，

使用含量为100～500毫克/升的矮壮素或缩节安溶液喷施葡萄树，可有效抑制副梢的产生和节间的伸长，减少树的营养生长量，促进葡萄树把工作重心转移至生殖生长，提高果树的坐果率，增加穗重。

在开花半个月之前，还有一项关键工作要做，拉花，多么文艺的名字。拉花是指将花序浸蘸或者对花序喷施赤霉素，诱抗素药液中，可有效疏花疏果，给每颗葡萄一个更大的生长空间，便于后期的果粒增大，较大的空间也会使每粒葡萄获得更多阳光和足够的空气"尽兴"呼吸，不仅利于果实生长，还能减少病虫害。而花期10天或者盛花期后四天，使用100毫克/升赤霉素蘸果穗，可使葡萄无子化。

千呼万唤始出来，当葡萄长出来的时候，正是提升葡萄品质的好时候。使用细胞分裂素类的植调剂，可有效增大果粒的大小，提升产量，同时应该注意，保证水肥的供应，适当补充硼、钙、镁等微量元素。使用乙烯利、脱落酸等催熟类植调剂产品，可促进葡萄一起成熟上色，利于生产出色泽均匀、饱满、口感舒适的优质商品果，更能便于统一摘取，节省人工。

中篇

云上科普：农博士微课堂

中

中篇 云上科普：农博士微课堂

调料中的巨人：远渡重洋的辣椒

许雪玲

什么菜在中国流传最为广泛？川菜应该是很多人的答案，那一层层的红辣椒让人垂涎欲滴。明代，高濂所撰写的《遵生八笺》中曾有如此描述："番椒丛生，白花。果俨似秃笔头，味辣色红，甚可观。"说的就是秋收时期，俯视中国大地，土地上翻滚着大片大片的红辣椒。这种来自于美洲的作物如何翻山越岭，跋山涉水，远渡重洋，成为了风靡中华大地的调料呢？

1. 辣椒的介绍

辣椒属于茄科辣椒属，一年或多年生草本作物。茎无毛或微生柔毛，叶子卵状披针形，花白色，小清新。果实大多长圆形，也有灯笼形、心脏形等。果实未熟时呈绿色，成熟后为红色或黄色。一般有辣味，供食用和药用，维生素C含量在蔬菜中排第一。

花小朵且清新可作药用

各色的辣椒

2. 辣椒的身世

500多年前，哥伦布将辣椒从美洲带回欧洲，在欧洲并未受到重视。明朝末年，辣椒沿丝绸之路抵达中国东南沿海，不知是可悲还是可泣，它仅仅成为观赏植物，哎！古代人特殊的审美。此后的400多年，怀才不遇的辣椒历经浮浮沉沉的人生，在中国地图上流浪，最终用独特的魅力，鲜红的外表，虏获两湖巴蜀甚至全国人民的芳心。

说起湖南人，第一反应是无辣不欢，第二反应是辣妹子。可见辣已成为湖南人的特色点，湖南的辣是深入骨髓，回味无穷，在湖南人的奇思妙想下，衍生出八大菜系之一的"湘菜"，油重色浓，善用辣椒为佐料。

辣椒具有祛湿散寒，消食开胃功效。为了应对盆地湿润气候，借助辣椒中的辣椒素，将体内湿寒及时逼出，四川喜爱花椒搭配辣椒，我们称之为麻辣，在湿冷的季节里，捧上一碗面，拌上半勺辣椒，简直是人间美味。

贵州山区土地分散，传统粮食种植产量低，好养活的辣椒在这种条件下更合适不过了，辣椒的种植带动当地经济发展，更是以"老干妈"辣酱闻名天下，连万里之遥的美国也争着抢着买。

湖北人以周黑鸭闻名中国南北，卤味中带辣，告诉大家我们是辣不怕的，实在是让人忘不掉它们的魅力。

食髓知味，品尝到辣椒的泼辣，中国人便一发不可收拾了。其实吃辣椒产生的是痛觉，刺激大脑，让大脑误以为我们"受到伤害"，从而分泌类似肾上腺素的物质，产生开心兴奋的感觉。

各地人民绞尽脑汁、费尽心思，想在"辣椒"的舌尖盛宴中占有一席之地，说到底其貌不扬的辣椒才是引领人类食物的佼佼者。

3. 如何种植辣椒

晚春时节，选择含沙量多、土质疏松的地块，土壤中要有充足的氮、磷、钾，种植前土壤要进行深挖，及时清理杂草。根据当地气候条件、饮食习惯，选用高产、早熟、抗病抗逆性强的辣椒品种，辣椒种子要饱满。

一般要给辣椒种子催芽，种子在0.5%**磷酸氢二钠**中浸泡20分钟，杀死种子携带的细菌，然后在水里面浸泡7小时左右，使种子吸收足够的水分，有利于提高种子的发芽率，也可以减少种子发芽的时间。

种子埋在苗床里面4厘米的位置，注意经常给种子浇水，大概6～7天左右辣椒苗就长出来了。这期间让辣椒苗适当晒晒太阳，勤浇水通风，保持湿度。

辣椒在种植时，为了保证成活率，通常采用移植的方式。在移苗的时候，首先要选择好土地，让土地湿润一些，温度保持15℃以上；种植密度与品种密切相关，早熟品种，种植株距在23～26厘米，行距在50～54厘米，晚熟品种，株距在50～60厘米最佳，行距在60～67厘米最佳。把苗放进去，然后再用土盖好。在移植后定期观察幼苗的存活及生长情况，有缺失及时补苗，保证辣椒产量。

在辣椒生长过程中进行科学的田间管理可以提高辣椒产量。防治辣椒病虫害，根据不同阶段的不同需求进行追肥，适当修剪植株，通常在阴天进行剪枝，为辣椒根系的生长创造条件。

正值疫情期间，百无聊赖，苦于不能出门的同学们这正是一个大好时机，下厨房，磨炼厨艺，何乐而不为，油泼面、宫保鸡丁、水煮肉片、麻辣小龙虾，做起来！

辣并快乐着，也是一种幸福。

参考资料

李冰，杨永祥，李冰雪.辣椒种植技术[J].吉林农业，2019(23): 86.

马颖.辣椒是富含维生素C的蔬菜[J].新疆农业科学，1994(4): 43-44.

苏琴.辣椒栽培新技术及病虫害防治措施初探[J].山西农经，2019(3): 107，124.

省钱省力：青贮饲料机械化收贮技术

张永禄

青贮饲料是指在作物成熟前，利用田间收获的整株作物为新鲜原料，经过铡短、切碎等加工处理后立即进行填装压实，经过一段时间厌氧发酵后而制成的一种便于长期保存的饲料。那么，如何让其实现长久不变，从而持续发挥功效呢？

青贮塔

青贮壕

青贮窖

裹包青贮

常见的青贮原料有玉米、高粱、燕麦和披碱草等禾本科作物，紫花苜蓿等豆科作物，蔬菜瓜类副产品，块根块茎饲料，水生饲料，野草、野菜、树叶以及农副产品。具有颜色黄绿、气味酸香、柔软多汁、适口性好、营养丰富等特性，是奶牛、肉牛、肉羊等草食动物的重要纤维性饲料原料。

在青贮的重要环节——收获环节有什么技术要求呢？

1.适时收获

适时收获能够使青贮饲料获得较高的收获量和最好的营养价值，同时适时收获的农时要求也在一定程度上决定着所采用的机械化收获工艺及装备。

2.合理的切段长度

适合的饲料切段长度能够使青贮料便于压实，有利于乳酸菌发酵，提高饲料品质，便于取用饲喂。例如，对牛、羊等反刍类动物，一般把禾本科和豆科牧草切成2～3厘米，玉米和向日葵等粗茎作物以0.5～2厘米为宜；对猪、禽来说，切段长度越短越好。为此，在选用粉碎加工设备时，要求其切段长度均匀可调节。

3.适宜的割茬高度

割茬高度也会影响到青贮饲料的产量和品质。留茬过高，虽可在一定程度上保证青贮饲料的质量，但却使其产量下降；留茬过低也易造成泥土污染饲料的问题。而且不同牧草对留茬的要求也不尽相同，因此要求收获机械割茬在一定范围内可调，保证作业适应性。

4.恰当的含水率

原料含水率≥75%——高水分青贮

65%≤原料含水率＜75%——中水分青贮

原料含水率＜65%——低水分青贮

青贮玉米适宜含水率为65%～70%，豆科单独青贮适宜含水率为45%～55%（加添加剂65%～75%）。

5.较低的损失率

主要包括：超茬损失率、重割损失率、漏割损失率、捡拾损失率、成捆损失率等。单一环节损失率不应大于3%。

6.减少污染

防止泥土、金属异物进入饲料中，造成污染影响饲喂。

当然，这些都是需要机械来完成的！

青贮收获联合作业机械可搭配矮秆割台、对行式割台、不对行割台和捡拾器等工作台，是完成饲草收获、切碎、抛送一体化作业的机械设备。

（1）德国的Claas公司生产的830-980系列自走式青贮饲料收获机，其具有很好的适应性，销量也是非常大的。

（2）由中国农业大学、石家庄鑫农机械有限公司联合研制的自走式青贮联合收获机集收割、粉碎、抛送、搅拌、添加青贮剂、装袋等功能为一体，可将新鲜的牧草收割后直接装袋进行青贮。通过液压系统可实现压实密度在400～800千克/立方米范围内调节。

食品保鲜锦囊：生活必备"黑科技"

白　娟

食品放长了就会变质，这当然是个常识。变质了就不能吃了，浪费钱物的事情自然不能做。那么，你知道家里的食物都该怎么储存吗？你了解食品保鲜的原理吗？下面，我们就给大家准备了居家必备的食品保鲜技术锦囊。需要的赶紧收藏啦。

1. 食品"保鲜"的真正内涵

从专业角度讲，"保鲜"这个词里也隐含着大学问，"保"意味着食品储藏过程中能保持其新鲜状态的一切技术措施或过程，"鲜"代表着食品新鲜状态，如外部形态以及色、香、味。食品在酶、物理、化学以及有害微生物等因素的作用下，会腐烂变质而失去原有的色、香、味、质构，为了提供安全的食品，在食品加工过程中，需要采取一定的预防措施。在一段时间内能保持食品原有的品质和延长保藏期，该过程被称为食品保鲜技术。

食品容易变质变味，其实最主要的原因是环境中无处不在的微生物。在食品的整个生产、加工、运输、储存、销售过程，甚至在我们食用时，都有被微生物污染的可能。只要环境适宜，微生物就会快速生长繁殖，破坏食品中的营养素，把食品中蛋白质最终分解成肽类、有机酸，产生臭味或酸味。引起食品变质的第二个原因就是酶，我们日常生活中米饭发馊、水果腐烂，都是酶分解碳水化合物所导致的。

此外，食物的物理化学反应也会引起变质。比如有些食品所含油脂中含有大量不饱和脂肪酸，容易氧化使食品腐败、变质；果蔬中的维生素C也很容易氧化失效，使食品的营养价值降低。

那么，究竟怎样才能留住食材的"新鲜"呢？

2. 误把冰箱当食品的"保险柜"

几千年前，我们的老祖宗就一直在研究如何储藏实物，才能延长食用期限，最古老的方法就是把食物晒干，或用糖、盐腌制，其原理较为简单，即通过减少水分，来抑制细菌的增长。这种传统方法虽然在一定程度上减缓了食品腐烂变坏，但对食品的原有营养和风味就没有那么友好了。

冰箱是现代人的居家必备神器，对于忙碌的上班族来说，去超市采购家中一周所需的食材是周末的必修课。好像只要是食物，不管是生的，熟的，剩的，在家都可以随手往冰箱一扔，"关门大吉"。等吃的时候，却常常发现原本新鲜的蔬菜、水果不是蔫了就是坏了；放在冷冻室的"小鲜肉"也变成了干巴巴的"老腊肉"，吃起来鲜味荡然无存。事实上，这是因为不同食物的最佳冷藏温度是不同的，食物混放后，由于冰箱的保鲜温度一定，就无法保证所有的食物都处于最佳保鲜状态了。此外，很多微生物在低温下也能生存，容易引起食物间的交叉污染。

3. 现代食品保鲜黑科技

随着食品行业的不断发展，如何在延长食品贮藏期的同时，保持食品的原有风味，降低能耗，已成为人们研究的重点，一些新型食品保鲜技术快速发展，不仅能够保持食品原有的风味，而且较传统保鲜技术更为节能环保，贮藏期也得到显著的增加。

生物技术（抗菌肽）

利用发酵原理制造的低成本、高安全性的抗菌肽，对真菌、细菌等均有抑制效果，应用在果蔬等农产品时，在延长保鲜期的同时还能体现出其绿色、安全性，还可以用于水产、肉制品、熟食等的保鲜，有广泛的潜在的应用领域。

物理技术（保鲜冰袋）

冰袋是生活中较为常见的保持食品新鲜的方法之一。主要分两种，一种是装有干冰的，但对于生鲜食品，保鲜不需要那么低的温度，消费者也可能因为使用不当被冻伤；另一种冰袋内液体是水、防腐剂和高吸水性树脂的混合物，成分总体较安全。不过，绝大多数保鲜冰袋的外包装并非可降解塑料袋，对环境会造成一定程度的污染。

化学技术（保鲜剂、防腐剂、抗氧化剂）

食品化学保鲜是指在食品生产和储运过程中运用化学保鲜剂、防腐剂和抗氧化剂来提高食品耐藏性，防止食品变质和延长保质期。技术的进步和相关食品添加剂的使用让我们能够一年四季吃到世界各地的新鲜水果，满足营养和口味的需要。很多人提到添加剂便"谈虎色变"，但事实上，食品添加剂本身安全性还是比较高的，毕竟全世界都在使用统一的食品添加剂安全评估方法及标准。

变频技术（变频调速）

与家用空调比，冷冻、冷藏保鲜系统采用变频技术具有更重要的意义。冷库、冷藏库特别是冻结过程是变温蒸发系统，通过变频技术可以大幅提高制冷压缩机的性能，既保鲜，又节能。但变频技术在冷库中还未广泛应用，缺少相关控制策略和运行维护经验可能是制约国内冷库应用变频技术的瓶颈所在。

水分子激活技术

食品想要保持新鲜，最本质的东西就是水分，常规的保鲜法主要着重外在因素，例如温度、湿度等，而水分子激活保鲜技术找到了食物保鲜的内在密码，通过激活食物自身水分子来实现保鲜目的。

其实，食品保鲜"黑科技"可远远不止这些，如今气调保鲜技术、控氧保鲜技术、超高压非热保鲜技术等都开始广泛地应用。当前，制冷保鲜行业竞争愈加激烈，产品技术升级开发刻不容缓。尤其在果蔬的贮藏保鲜中，开发更有效的天然保鲜剂以及利用生物技术、基因工程技术将成为必然的发展趋势。

4. 实用食品储存妙招

在了解了这么多黑科技后，我们还为大家整理了一些实用的食品储存小妙招，让你秒变保鲜达人！

香蕉

香蕉是我们常吃的热带水果，但香甜软糯的它往往因为储藏不当而发黑变质。在存放时，可以试试用保鲜膜包裹住香蕉柄，延长其保鲜期；

或者将它们单独存放，降低乙烯释放浓度，就没那么快会腐烂和变黑了。

土豆

土豆的形态憨厚可掬又富含有多种人体所需氨基酸，可炸、可炒、可蒸、可煮，百搭又美味。但土豆在存放时很容易"长芽"，产生一种龙葵素的毒素，进入人体后，会造成身体不适，严重时还会造成心脏和呼吸器官麻痹，甚至死亡，怎样能抑制可怕的发芽呢？其实，只要给土豆找个伴就可以了，把苹果和土豆放一起，苹果释放的乙烯就可以抑制土豆发芽和变蔫。

梨

梨鲜脆多汁、味美甘甜，还具有清热润肺和生津止渴的功效，吃不完的梨应该如何存放呢？用软纸把梨包好，然后放入纸盒中，在冰箱可以冷藏一星期左右。

葡萄

葡萄酸甜可口、味美多汁，还富含花青素，非常受人们喜爱，但很容易烂掉。平时买回葡萄后最好去掉塑料袋放入冰箱里面保鲜；也可以将葡萄浸泡在苏打水中3分钟左右，拿出来自然晾干，也可使其保鲜10～15天左右。

其实，如果平时生活中想要吃新鲜的食品，最好的方法就是：

什么时候想吃，什么时候购买！而买回来的食品，就赶紧把它消灭掉！

结语：食品保鲜其实是一个"解码"过程，在储存时一定要做到精准控鲜，否则得不偿失，还会破坏食品原有的营养结构。

那么，你还知道哪些食品保鲜小窍门？

谷物界网红：解密燕麦

白　娟

　　"燕麦青青游子悲，河堤弱柳郁金枝。长条一拂春风去，尽日飘扬无定时。我在河南别离久，那堪坐此对窗牖。情人道来竟不来，何人共醉新丰酒。"一千多年前的李白，以丰富细腻的感情将燕麦填充在自己的思想里，令人心生温暖。如今，燕麦逐渐成为现代人们餐桌上备受推崇的食物，美国《时代》杂志曾评选的"全球十大健康食物"中燕麦位列第五，是唯一上榜的谷类。那么它究竟有何本领，可以获此至高殊荣？今天，就让小编带你一起揭开燕麦的神秘面纱吧。

燕麦的古往今来

　　燕麦其实在我国已有上千年的种植历史，《本草纲目》写到："燕麦，此野麦也，燕雀所食，故名。性甘，平，无毒。"此外，《救荒本草》和《农政全书》等古籍中也都有记述。

　　很久以前，燕麦只是作为马、牛等牲畜的饲料，到秦代，人们才开始食用，魏晋南北朝时期，开始广泛种植，并逐渐成为西北人的主要经济作物和粮食。我国燕麦集中产区是内蒙古的阴山南北、河北省坝上、山西省太行山和吕梁地区，以及陕、甘、宁等地，其中内蒙古武川县是世界燕麦发源地之一，被誉为中国的"燕麦故乡"。

　　近代以来，裸燕麦从我国内蒙古走进了欧洲，并以燕麦片的形式成为了西方贵族的健康食品。当燕麦片风靡全球，成为健康美食界的"网红"时，我们才惊觉，原来泱泱华夏的大西北才是这颗农作物的故土呀！

大麦　　　　　　　　　小麦　　　　　　　　　燕麦

作为谷物明星的燕麦，是一年生植物。虽然和大麦、小麦等同属禾本科家族的成员，但是颜值却高出许多，两个布满白绿相间条纹的草质颖片向两侧分开，像燕尾一样，看起来十分可爱。燕麦每个小穗上有1～2朵小花，小花外面两个苞片叫做外稃和内稃，成熟后会紧紧包住籽粒，利用这一点，我们就不难区分出同属的其他作物了。而去壳后的燕麦粒，就变成了滑溜溜的家伙。

燕麦的十八般武艺

神奇的大自然中，凡是恶劣环境下坚强生存的生命，都蕴含了天地之精华和宇宙之能量，正如寒风冰雪之于天山雪莲、悬崖峭壁之于千年人参，高寒、贫瘠的生长环境也赋予了燕麦极高的营养价值。

燕麦富含了人体必需的18种氨基酸，但糖分含量很低。燕麦皮中含有丰富的燕麦β-葡聚糖，经科学研究证实，具有降低血糖的功效，特别适合糖尿病人；还含有亚油酸，能降低胆固醇，保护心脑血管系统；燕麦中膳食纤维含量也很高，可以改善胃肠道功能，增加饱腹感，因此也备受广大减肥人士的青睐。

燕麦中还含有大量的人体必需的微量元素和维生素，钙含量也比其他谷物高很多，燕麦和牛奶搭配食用不仅美味，还可以治疗骨质疏松。对爱美的小仙女们来说，常食用燕麦还能减少黑色素沉积、美白肌肤。

当然，燕麦也适合其他的老人、小孩、孕妇、学生、上班族等人群，简直是居家健康首选！

当我们走进超市时，琳琅满目的燕麦产品，燕麦米、生燕麦片、速溶燕麦片、醇香麦片、水果麦片……选择困难症又犯了，我们的建议是：其实 β-葡聚糖保留越完善，燕麦的营养价值就越高，不难推算出：整粒的燕麦粒 β-葡聚糖保留最多，营养价值自然最高；其次是由燕麦粒去皮制成的燕麦米；再次是生燕麦片。

揭开燕麦之谜

即食麦片＝燕麦

NO! NO! NO!

各种即食燕麦片，由于经过深度挤压，物理结构已经被破坏，淀粉糊化程度高，而且黏度下降，其延缓餐后血糖血脂上升的效果就打了很大折扣。另外还会含有较多的糖类物质和添加剂，所以我们并不建议选购哦。

吃得越多，减肥效果越好

NO! NO! NO!

虽然燕麦中含有丰富的膳食纤维类物质，但不要"贪杯"哦，过及必反，大量摄入反而容易损伤肠胃，甚至诱发便秘。此外，各种花色燕麦产品热量其实比大米还高，如果你购买的是加了水果干和坚果，口感还甜甜脆脆的……那么恭喜你减肥再次失败，毕竟它的热量和油乎乎的饼干有的一拼呢！

燕麦苗可以做青汁饮用吗

Of course!

我们都知道，大麦若叶青汁，是一种以大麦苗叶为主要原料的保健饮品，富含多种对人类身体有益的成分，其实燕麦幼苗也是一种很好的保健品，燕麦苗粉中富含丰富的 β–葡聚糖、SOD、叶绿素、纤维素及大量天然微量元素，具有清除体内毒素，调节血液里的酸碱性，补充身体对营养的全面需求的三大功能，有机会可以自己动手做燕麦青汁哦！

猫咪的"黑下巴"，也可能是病

白　玉

如今，越来越多的爱宠人士选择饲养可爱的小猫咪作为伴侣动物，但很多宠物主人是第一次饲养猫咪，因此，在饲养前期阶段会遇到许多大大小小的难题，例如如何给猫咪洗澡、驱虫、修剪指甲以及辨别是疾病还是生理现象等问题。今天，我给大家介绍一种猫咪常见疾病——"黑下巴"病。

许多猫咪主人经常反映自己的猫咪下巴出现一块或几块黑色，这可能是猫咪的"黑下巴"病，其主要致病原因是局部皮肤患有毛囊炎（猫咪长粉刺）等。引起猫咪出现"黑下巴"病的常见原因如下：

1.饲喂猫咪的食物过于油腻

随着经济的不断发展，宠物饲养条件也在不断提高，猫粮种类也越来越丰富，但其中有些猫粮为增加口感在配料中添加过多油脂而造成过于油腻，猫咪长期食用过于油腻的食物会造成局部皮肤出现毛囊炎而出现黑色下巴。这和人类因食用过于油腻和易"上火"食品后脸部易长痘是同一个道理。

2.猫粮在食盆中堆积过久

有些粗心的猫咪主人为"省事"，往食盆中添加大量猫粮，猫咪一顿吃不完而造成猫粮长时间堆积在食盆，众所周知，猫粮中含有丰富的营养物质，长期暴露在空气中易发霉变质并滋生大量细菌或真菌。猫咪在食用发霉变质的猫粮时易造成局部皮肤感染细菌或真菌而引发毛囊炎。

3.饲养猫咪的环境不卫生

许多懒惰的主人饲养猫咪的环境不卫生而造成大量细菌或真菌等滋生而感染猫咪。例如，使用塑料制品的食盆，该材质食盆不易清洁而造成油腻的食物残渣沾到猫咪下巴后堵塞皮肤毛孔而引发毛囊炎。猫咪的"小窝"或整个家庭环境不卫生也易造成猫咪患有毛囊炎。

4.猫咪的免疫系统或内分泌系统出现问题

免疫系统的功能是保护机体免受各种病原侵害，而异常的免疫功能会引发多种疾病，例如毛囊炎和红斑狼疮等。内分泌系统的功能是分泌激素以调节机体各种生命活动，而某种激素分泌过多或过少都会引起机体代谢的改变而患疾病。

解决办法：发现猫咪患"黑下巴"病时，我们要清洁整个饲养环境和饲养器具，用清水清洁患病皮肤，如果黑块较小则扣去后定期涂抹抗细菌和抗真菌药物，如果发病严重则应及时就医。

预防措施：为避免猫咪患上"黑下巴"病，猫咪主人应该保持整个饲养环境的干净整洁，制定适宜自己猫咪的饮食计划，不饲喂过于油腻的猫粮，平时多观察猫咪，发现异常后及时就医。

总之，既然选择饲养宠物，就要对它负责到底，尽可能给予它适宜的生存条件，给予它更多关爱，使它快乐成长。

强农惠农：农业补贴政策知多少

韩一军

对农业进行支持和保护是国际社会通行的做法。世界贸易组织（WTO）将农业支持政策分为"绿箱""黄箱""蓝箱"三大类，它们包含不同的内容。在此基础上，形成了两种主要的支持农业的方式：一种是价格支持政策，以小麦和水稻的最低收购价为代表；另一种是农业补贴政策，包括良种补贴、农资综合补贴、农机购置补贴等形式。

"绿箱"：①政府一般性服务；②由于粮食安全原因的公共存储所需费用；③与生产不挂钩的直接收入支持；④国内粮食援助；⑤农业结构调整援助；⑥作物保险与收入安全计划；⑦自然灾害救济；⑧环境或储备计划；⑨区域援助计划下的直接支付。

"黄箱"：①价格支持；②营销贷款；③种植面积补贴；④牲畜数量补贴；⑤种子、肥料、灌溉等投入补贴；⑥某些有补贴的贷款计划。

"蓝箱"：国家给予那些被要求限制生产的农民以某种直接支付，包括按固定面积和产量给予的，如休耕补贴；按基期生产水平的85%或85%以下给予的补贴；按固定牲畜头数给予的补贴等。

我国的农业补贴政策经历了多次调整，先后有粮食直补、农资综合补贴、农作物良种补贴、畜禽良种补贴、农机购置补贴、渔用柴油补贴、农业保险保费补贴、草原生态保护奖补、退耕还林补贴等多种形式。

最近几年，我国农业面临转型，补贴标准和方向也有了新的调整。比如，从2016年起，为了更好地支持耕地地力保护，推动粮食适度规模经营，我国将种粮直补、良种补贴、农资综合补贴三项补贴合并为"农业支持保护补贴"，体现"谁多种粮食，就优先支持谁"的原则。为了解决国内粮食库存过大、供给严重过剩的问题，国家取消了自2007年开始实施的玉米临储政策，取代为"市场化收购"加"补贴"的新机制。

水稻、小麦最低收购价政策是农民种粮的"定心丸"。国家从2004年开始，在水稻主产省实施稻谷最低收购价，2006年起小麦也开始实行。最低收购价作为市场托底价格，带动了农民收入的较快增长，增强了种地农民的幸福感。

2020年，国家将继续在稻谷、小麦主产区实行最低收购价政策，早籼稻（三等，下同）、中晚籼稻和粳稻最低收购价分别为每50千克121元、127元和130元，比2019年略有增长；小麦（三等）最低收购价为每50千克112元，保持2019年水平不变。

大家需要注意，如果有以下几种行为，将无法领取农业补贴：①在耕地上从事非农业生产活动的；②虚报冒领、骗取套取、挤占挪用补贴的；③大范围土地弃耕抛荒3年以上的；④未经批准私自将农业用地基本农田用作建设用地的；⑤耕种过程中造成地力丧失、严重环境污染的。

农业补贴政策对于保护农业发展，增强我国农产品的国际竞争力具有重要的作用。我国未来农业支持政策的发展将着眼于推动乡村全面振兴，更加注重农业质量效益和竞争力提升，强化绿色生态导向，支持保护领域将不断拓展，调控手段也将日趋完善。

温室中成长：冬春季设施蔬菜生产温度管理技术

田永强

温度是影响作物生长的五大要素（温度、光照、水分、气体、养分）之一。由于冬春季外界气温低，许多蔬菜在露地条件下并不能正常生长。但是，在园艺设施内，作物可以不受或少受外界低温的影响，能够良好地生长。这主要是因为园艺设施创造了适宜作物生长的小气候环境。冬春季设施蔬菜生产在保障蔬菜周年均衡供应和解决蔬菜供需矛盾方面起着十分重要的作用。如何科学地调控设施内的温度，为作物创造良好的生长环境，是冬春季设施蔬菜栽培首先要考虑的问题。

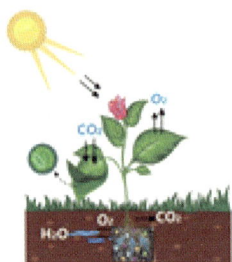

植物生长环境　　园艺设施（日光温室）　　设施蔬菜

1. 选择适宜的透明覆盖材料

虽然透明覆盖材料最主要的功能是采光，以满足设施内作物对光量和光质的要求，但是透明覆盖材料对不同波段光的透过率的高低，直接影响温室的增温效果和保温性能。综合考虑透光与保温性，建议冬春季温室生产选用PO（聚烯烃）膜或PE（聚乙烯）无滴消雾多功能薄膜，高寒地区选择聚氯乙烯长寿无滴消雾多功能薄膜。此外，应经常擦拭薄膜，减少由于着尘导致的透光率降低。

PO膜

PE无滴消雾多功能薄膜

2. 注重前屋面的保温

前屋面是夜间热量散失最大的地方，因此前屋面保温对夜间温室温度的保持起重要作用，可采取以下前屋面保温方式：①利用草苫做保温覆盖的，草苫重量要求达到4千克/平方米，一般每块草苫重量不低于120千克，雨雪天气及冬季气温比较低时，在草苫外盖旧棚膜，保温效果好于单独盖草苫；或采用覆盖双层草苫或草苫下加一层纸被，一般由4~8层牛皮纸做成，可比单层草苫提高温室夜间温度2℃以上；②利用保温被做保温覆盖的，在材料相同时，保温被厚度与保温效果关系密切，目前生产选用保温被偏薄，冬季夜间保温效果不佳，要求保温被厚度在1.5厘米以上，最好能达到2.0厘米，每平方米重量不低于1.2千克；保温被厚度在1.5厘米以下的，采用保温被下面加一层由4层牛皮纸做成的纸被或覆盖2层保温被方法进行夜间保温。

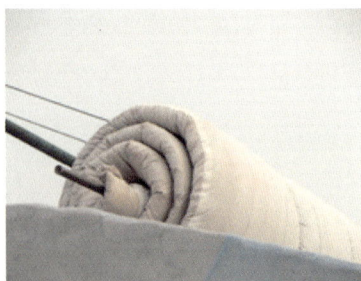

保温被＋纸被的前屋面保温　　　增加保温被厚度（厚度达到 2 厘米）

3. 铺设地膜，提高根区温度

地膜覆盖栽培可提高土壤温度，保持土壤水分，改善土壤物理性状和养分供应，改善近地面的光照状况，促进作物根系生长，增强根系的吸收能力，增加叶面积指数，促进作物的光合作用，从而增加产量，提高品质。普通无色透明地膜，具有透光性好的特点，覆盖后可使地温提高 2 ～ 4℃。

铺设地膜的叶类蔬菜（生菜）　　　铺设地膜的果类蔬菜（黄瓜）

4. 极端天气，采用临时加温措施

若遇到极端降温或连续多日阴天情况，为使喜温蔬菜安全生产，

可采取临时加温措施，如在温室内临时采用"热宝"燃烧块增温或加火炉、电热风加温、燃油热风炉加温等。生产中较为简便易行的技术为"热宝"燃烧块增温法。"热宝"燃烧块呈圆柱状、形似蜂窝煤，由木屑和石蜡压制而成。产品直径10厘米、高5.5厘米，每块重量300克，纵向均布5个通风孔。"热宝"是一种节能环保的应急增温产品，可在冬春季日光温室设施中使用，燃烧时略有蜡烛的味道，正确使用不会沤烟，对人和作物安全。

热宝燃烧块使用示意图

路在何方：我国农产品市场的主要类型与新方向

穆月英

无论是在传统的农业社会，还是现代化程度很高的当今社会，农产品的生产和销售都是一种频繁的商业活动。在传统农业时代，生产什么，就销售什么；而现代农业时代，则是市场需要什么，就生产什么。可以说，农产品市场已经在很大程度上影响了农业生产。只有把握了农业市场特点，才有利于农民实现增效增收。

1.主要的市场类型

我国生产的农产品，由于生产端和市场消费端的不同，面向的市场类型也有所不同，目前主要有以下几种：

一是小规模的农业生产者，主要生产原料型农产品，比如棉麻类、甘蔗、蔬菜、水果等。一般是加工企业直接去农村采购（棉花等）或者经由批发市场（蔬菜等）的形式销售出去。

二是大规模的农业生产者，比如蔬菜和水果园区及基地、农村食品加工厂等。一般是以农超对接或订单农业的形式销售出去。

三是大规模的养殖场，比如养殖业的生猪和家禽类等。主要通过屠宰加工环节销售出去。

四是粮食类产品，比起蔬菜和肉类等鲜活农产品，粮食更耐贮藏，可以根据市场行情来判断销售时间。

2.农产品市场发展的新方向

随着市场经济的发展，我国的农产品市场逐渐呈现出了一些新的特征，农民朋友可以根据这些新变化，科学安排自己的农业生产，从而在市场竞争中获得更大的利润。

重视农产品市场交易的跨区域特征

我国农产品生产存在地域差异和季节差异，通过跨区域交易既能弥补农产品的供需缺口，更能通过获得好的价格而获利。但是，跨区域、远距离流通不利于信息的快速传播，不仅会增加信息收集成本，也会加大市场流通的风险，因此需要通过各种渠道及时关注各地市场信息，根据市场需求来安排产品上市。

重视批发市场在鲜活农产品流通中的作用

批发市场是解决农产品销售的重要途径，其中北京、深圳、上海、广州、成都等大城市的农产品流通，有近70%的蔬菜、水果、水产品是通过农产品批发市场进行市场流通，20%左右通过公司＋农户的基地模式或超市流通，10%左右通过其他渠道销售。

重视合作社的中介作用

小规模的农业生产者与批发市场之间的对接，往往离不开农民专业合作社或农业社会化服务组织，要重视这些中介组织在农业市场中的作用，从而提高其在市场中的话语权。

重视电商等新业态在农产品市场中的作用

随着互联网的普及、支付方式的创新以及物流基础设施的建设，农产品电商的环境进一步完善。2019年我国网民达到8.54亿人（其中农村网民达到2.2亿人）、购物达到6.39亿人，阿里巴巴、拼多多、京东等电商的农产品网络零售总额达到上千亿元以上。

农产品电商的发展给农民生产生活带来了翻天覆地的变化，要尽快适应这种变化，利用好电商平台。对于生产者来说，要重视以下几方面：

一是注重农产品生产的标准化，包括化肥等投入品的标准化、品种的标准化、产品规格的标准化等。

二是加强农产品的品牌建设，包括地域品牌、农产品地理标志、农业企业品牌等。

三是注重农业信息体系建设，包括农产品的生产信息、价格信息等。

温饱无恙：新冠肺炎疫情下我国的粮食安全

李　军

当前，全球新冠肺炎疫情蔓延形势不断加剧，一些国家为保障本国粮食供给，逐渐减少或禁止本国主要粮食产品出口。这种国际粮食供给的新形势，引起了国内一些人对我国粮食安全状况的担心。请大家放心，从目前看，我国有着充足的粮食储备，粮食安全有保障。

粮食产量总体稳定，提供了充足的粮食储备

拥有充足的粮食储备以备荒应急是自古以来我国粮食安全思想的重要体现。我国粮食产量已多年维持在6亿吨以上，2019年更是达到了6.6亿吨的历史最高水平。粮食的连年丰收为我国粮食储备提供了保障，为有效应对各种风险挑战赢得了主动权。目前，稻谷小麦库存已达到历史最高水平。我国大中城市普遍建立了米面油等成品储备制度，可以满足当地10～15天供应，调控物质基础雄厚，成为应对突发事件的压舱石。

稻谷小麦等主要口粮产品自给水平高

手中有粮，心中不慌。2019年，百姓最关心的主要口粮——稻谷、小麦的产量同样稳定增长。稻谷产量为2.1亿吨，比2012年增加了307.8万吨，小麦产量为1.3亿吨，比2012年增加了1 105.0万吨。目前，中国谷物自给率超过了95%，稻谷和小麦产需有余，实现了谷物基

本自给、口粮绝对安全。粮食供求总体能满足人民群众日常消费需求，也能够有效应对重大自然灾害和突发事件的考验。

粮食进口以大豆为主，其他产品依赖程度较低

我国粮食贸易以大豆进口为主，进口国主要为美国、巴西、阿根廷，进口量达到 8 000 万吨，而小麦、玉米、稻米三大主粮进口在 200 万～400 万吨，为进口粮食调剂品种。因此，在全球疫情加剧，各国粮食供给减少的形势下，我国大豆进口会受到一定的影响，一方面我国通过增加大豆种植补贴，本国大豆自给能力有所提高，另一方面虽然美国受疫情影响严重，但短期来看，以上几个大豆出口国大豆产量仍然稳定，因此对大豆进口影响不大。而小麦、玉米、稻米等粮食品种进口依赖性较低，本国生产即可满足需求。

春耕工作有序开展保障了下一年的粮食生产

当前，大多数地区已进入春耕备耕的关键时期。为有效保障春耕生产，国家制定分区分级恢复生产秩序，保障农资有效供应的政策措施，为春耕生产提供强力制度保障，农业生产正在有条不紊的恢复，下一年农业生产保持稳定增长的态势不会改变。

因此，从短期看，我国粮食连续丰收，供给充裕，库存充足，保障有力，粮食市场总体保持稳定。特别是当前做好春季备耕工作，合理优化粮食产品种植结构，调动农民生产积极性，对于保障下一年粮食生产具有重要战略意义。

保障粮食安全，更长远在于按照习总书记提出的："坚持以我为主、立足国内、确保产能、适度进口、科技支撑的国家粮食安全战略，实现藏粮于地、藏粮于技，确保谷物基本自给、口粮绝对安全"的战略开展粮食生产，确保中国人的饭碗任何时候都牢牢端在自己手中。

因人而异：选杯适合自己的好酸奶

马 涛

酸奶，是以生牛（羊）乳或乳粉为原料，经杀菌、发酵制成的，不仅易于被人体吸收消化，且种类多样、风味独特。然而，超市里五花八门、价格各异的酸奶让消费者挑花了眼，如何选择一款适合自己的呢？

1. 生牛乳 VS 复原乳

生牛乳是未经加工的新鲜牛奶，复原乳是用奶粉勾兑而成的牛奶，经过两次高温处理后营养成分损失较大。

2. 稠酸奶 VS 稀酸奶

稠酸奶主要是为了提升口感而添加了可食用增稠剂，相比稀酸奶，两者在营养方面并无差异。

3.添加果粒、谷物的酸奶是不是更有营养

添加果粒、谷物的酸奶称为风味发酵乳，牛乳含量一般为80%，其主要目的是提供更多可选择的口味，建议水果和谷物的摄入应以日常饮食为主。

4.味道差不多，为什么价格有高有低

只有含嗜热链球菌和保加利亚乳杆菌的酸奶叫风味酸牛乳，这两种菌虽对人体有好处，但作用较弱。而添加了双歧杆菌、嗜酸乳杆菌、干酪乳杆菌等的酸奶叫风味发酵乳，可被肠道吸收，长期摄入可调节肠道菌群的稳态，价格也更高。

低调而奢华："雪花牛肉"的奥秘

邱鑫君　苏华维

"雪花牛肉"是感官或者商业用语，也是高档牛肉的代名词，虽然价格比较高，但仍旧深受消费者的喜爱。其中的原因是什么？今天我们一起来揭秘吧！

产业和商业上，一般根据背最长肌横断面中的脂肪含量和分布状态来判定牛肉品质与等级。根据脂肪含量的高低，其中，脂肪含量较低且呈条块状分布的，叫大理石纹牛肉，而脂肪含量较高且脂肪分布更细腻的叫雪花牛肉。

世界各国对雪花牛肉的定义往往结合自身生产水平和消费需求及国际贸易而制定。美国将肌内脂肪平均含量大于8.6%的牛肉定为雪花

牛肉；日本和韩国则将肌内脂肪含量大于10%的牛肉定为雪花牛肉，澳大利亚牛肉等级规格中的M5牛肉，其肌内脂肪含量也与日本相同；而我国至今并没有统一的定义来界定其肌内脂肪含量范围。牛肉中的脂肪含量和脂肪酸结构决定牛肉的品质，包括嫩度、风味和多汁性等。不同等级的牛肉在市场上的价格差距很大，目前国内市场上，最高档的雪花牛肉可以卖到每千克几千元，而普通牛肉每千克则只能卖到几十元。

如何才能生产出高档的雪花牛肉呢？从雪花牛肉的定义我们已经知道，肌内脂肪含量是影响牛肉品质和等级最关键的指标，那么影响肌内脂肪沉积的因素有哪些呢？科学家研究发现，影响肌内脂肪沉积的因素包括遗传、管理和营养因素等。

1.遗传因素

（1）肉牛品种：日本和牛是目前世界上公认地最易沉积肌内脂肪的肉牛品种，其次还有安格斯牛、韩牛和中国一些本地黄牛品种等都可以用来生产雪花牛肉。

（2）性别因素：通常认为，按肌内脂肪沉积能力来分，母牛＞去势公牛＞未去势公牛。

（3）遗传力：高遗传力的动物通常会表现出较高的肌内脂肪含量。

2.管理因素

（1）早期断奶：早期断奶对提高大理石花纹评分具有积极意义。

（2）育肥时间：牛肉的肌内脂肪沉积通常随育肥时间增加而提高。

（3）环境条件：应激会对牛的生长和牛肉质量产生负面影响，因此要尽可能让牛生活在舒适的环境，并避免各类应激。

3.营养因素

（1）日粮能量和蛋白质水平：育肥后期肉牛日粮往往采取高能量和低蛋白的营养策略，其中日粮能量水平相对于蛋白水平对肌内脂肪沉积的影响更为明显。

（2）谷物类型：玉米的育肥效果好于大麦，但育肥后期饲喂大麦可以改善牛肉品质（脂肪颜色和硬度）。

（3）高谷物日粮：高谷物日粮可以提高瘤胃内丙酸的比例，并在肝脏中通过糖异生合成葡萄糖，因此育肥期肉牛饲喂高谷物日粮更有利于肌内脂肪的沉积。

（4）日粮加工方式：粉碎或蒸汽压片处理的玉米或其他谷物可通过提高能量的消化率，从而促进肌内脂肪沉积。

（5）脂肪的消化吸收：胆汁酸和乳化剂可以促进脂肪在肠道内的消化和吸收，最终提高肌内脂肪的沉积。

（6）维生素：育肥后期限制维生素 A 的摄入量有利于改善牛肉脂肪颜色并增加肌内脂肪的沉积。另有研究表明，维生素 C 对前脂肪细胞的分化具有积极作用，但维生素 D 可抑制脂肪生成。

随着经济和社会的发展，尽管消费者越来越关注动物脂肪对人类健康的负面影响（例如心血管疾病和肥胖问题），然而雪花牛肉含有大量有益于人类健康的多不饱和脂肪酸（如欧米伽 -3 系列脂肪酸和共轭亚油酸），并且蛋白质含量依旧很高。集美味、营养和健康于一体的雪花牛肉对于健身和减肥的小伙伴是不可多得的美食哦。

霓裳羽衣：家鸡的"色彩"

聂昌盛　　曲鲁江

　　鸡是常见的家养动物之一，目前世界各地分布着表型多样、色彩丰富的家鸡品种。色素沉积所形成的多彩外貌表型，是其重要的品种特征，包括耳叶颜色、皮肤颜色、羽毛颜色、胫色及蛋壳颜色等。研究家鸡的"色彩"，探索其背后的遗传机理是科学家们关注的热点。

家鸡的"色彩"

1.耳叶颜色

家鸡耳叶颜色是其品种特征之一，有红色、白色、黑色、黄色、绿色、蓝色、紫色、褐色等，其中红色和白色最为常见。作为鸡面部特征之一，耳叶颜色在进化过程中，同时受到自然和人工选择。耳叶颜色复杂多变，不同品种间其遗传机理都可能不一致。

2.肤色

鸡的黄皮肤是隐性遗传性状，野生型（W+）是白色皮肤表型，突变型（w）的个体皮肤颜色为黄色，主要是由于类胡萝卜素的比例及分布不同导致的，类胡萝卜素沉着导致的肤色表型，既受到遗传因素也受到性别、日龄、疾病、饲料等因素的影响。

3.羽色

羽毛作为家鸡的皮肤衍生物，具有丰富多彩的颜色（黑、白、灰、红、棕及紫色等）和形态各异的花纹（斑点、芦花等）。羽色分为结构色和色素色两种。

结构色是光线折射或干涉在羽毛表面不同的物理结构所产生，而且在不同视角能呈现变幻的色泽。

色素色来自两种色素：机体自身能合成的黑色素和自身不能合成的类胡萝卜素（依赖外源摄入）。黑色素有两种：真黑素和褐黑素。真黑素沉积表现为黑色、棕色或灰色，褐黑素沉积表现为红色或黄色。两种主要色素的差异（相对分布、含量及比例）促成了自然界中五彩斑斓的羽色表型。

4.胫色

鸡胫色是一个由多基因调控、复杂的质量性状。胫色表型主要是各皮层（包括表皮层及真皮层）组织中的色素共同作用的结果，受品种、年龄、性别及营养等因素的影响。鸡皮层中最主要的两种色素是黑色素和叶黄素，两种色素的含量和位置的差异造成了不同胫色，根据两种色素的含量可将鸡的胫色主要分为深色胫（黑色、青色、蓝色及绿色等）和浅色胫（白色、黄色、肉色或红色等）两类。

5.蛋壳颜色

鸡蛋的主要颜色包括白色、褐色和绿色三种，不同地区消费人群对蛋壳颜色偏好度存在差异。色素在禽蛋表面沉积情况的差异导致了禽蛋呈现出不同的蛋壳颜色，与蛋壳颜色相关的色素主要有原卟啉-IX（portophyrin-IX）、胆绿素-IX（biliverdin-IX）以及胆绿素锌螯合物（biliverdin zinc chelate）。其中胆绿素及胆绿素锌螯合物主要参与蓝绿色色素的形成，原卟啉-IX主要参与红黄色色素的形成。

小结

鸡色素性状异常丰富，部分颜色性状形成过程比较复杂，可能存在多个基因位点共同控制一个颜色表型。此外，部分"色彩"基因具有"一因多效"的特性。

一直以来，鸡的"色彩"受到研究者们高度关注，目前部分"色彩"产生的原因被解析，同时也有很多色素沉积性状的遗传机理不明。随着科学技术的发展，相信在未来这些掩盖真相的"彩色面纱"终将被揭开。

健康成长：犬猫常见寄生虫病和 驱虫管理小知识

高　健

1.犬猫寄生虫的危害

寄生虫指一类微小的生物，将它们一生的大多数时间寄居在另外一种生物体（宿主）的体内或者体表，以获取宿主的营养，维持它们的生存、发育或者繁殖所需的营养或者庇护。

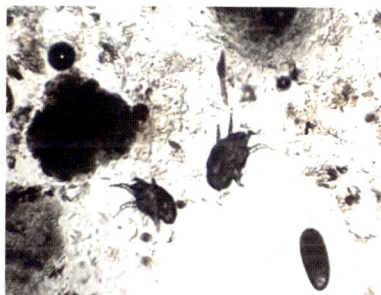

显微镜下的耳螨

图片来源：Courtesy of Dr. Chris Adolph, Southpark Veterinary Hospital。

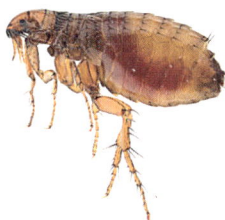

跳蚤

狗狗和猫咪都有在地上躺卧、舔舐自己身体的习惯，因此接触到寄生虫是不可避免的。对于养宠物的朋友来说，家里的爱宠不小心染上寄生虫是一件很头疼的事情。各种体内外寄生虫都会不同程度地通过夺取宠物的营养、损害宠物的组织细胞、分泌毒素损害及骚扰宠物，影响宠物的生长发育，传播多种疾病，严重危害它们的健康。有些人和宠物共患的寄生虫病，甚至会危害人类的健康。因此，了解宠物寄生虫的生物学特性，掌握宠物寄生虫病的防治是非常重要的。

2.犬猫寄生虫都有哪些

犬猫寄生虫分为体表和体内寄生虫。常见的体表寄生虫包括螨虫、跳蚤、虱子和蜱虫等，而常见的体内寄生虫有蛔虫、绦虫、钩虫和心丝虫等。

不同的寄生虫会引起狗狗或者猫咪出现各种临床症状或者行为的异常。比如，感染耳螨的狗狗或者猫咪通常耳朵会非常瘙痒和敏感，经常抓挠它们的耳朵或甩头，耳道会变红、发炎，耳朵周围的皮肤也会出现皮疹或其他皮肤疾病。当你发现你的狗狗经常抓挠皮肤（甚至抓伤），并且身上有黑色的小点点（跳蚤的粪便），就要怀疑它感染跳蚤了。而狗狗尤其是幼犬感染蛔虫后，会出现腹泻、呕吐、体重下降、毛发暗淡和腹围增大等症状。其他的如虱子会导致瘙痒、脱毛，蜱虫会导致神经毒症状并传播其他疾病，钩虫会引发贫血、出血、皮炎等，心丝虫会导致心脏系统症状、胸/腹水、结节性皮肤病症状。

3.如何保护犬猫免受寄生虫感染

既然感染寄生虫后能出现各种令人头疼的症状，那么如何使爱宠尽量少接触到这些寄生虫呢？

第一，尽量远离草丛，尤其在潮湿的季节。尽管有些寄生虫的成虫不太容易在草地上长期存活，但是它们的卵是可以的。很多携带寄生虫的动物（尤其是流浪的犬猫）都喜欢在草地上打滚玩耍，把自身带的虫、卵排放到草丛中。狗狗在草丛中玩耍时，很可能把这些虫卵沾惹到身上。第二，让自己的爱宠远离流浪犬猫。流浪犬猫长期在外，身上都会寄存大量寄生虫，尤其是跳蚤；如果近距离接触，跳蚤可能会从流浪犬猫的身上跳到自家犬猫的身上哦！第三，定期洗澡，使用合适的沐浴液。可以使用多效的除虫药皂或者驱虫沐浴液给狗狗进行洗澡。

　　以上几个方法可以让爱宠减少接触各种寄生虫的可能性，然而完全避免是不可能的，因此，必须建立起主动、科学驱虫的意识！一般情况下，要3个月进行一次体内驱虫，将驱虫药片给狗狗吞服；1个月进行一次体外驱虫，滴于颈部背侧皮肤。在驱虫前，要对宠物的健康状况进行评估，并且称量体重，以免在使用驱虫药后出现不良反应损害健康。若宠物在驱虫后没有任何不适反应，可以在服药两小时后再饲喂别的食物。很多宠物在驱虫后表现得无精打采，这种情况是正常的，说明它们对药物有一定的反应。同时，切记驱虫不要与免疫针同天进行，使用体外驱虫药后，3天内不能洗澡、游泳、淋雨，以防药物效果受到影响哦！

下篇

在线解惑：农博士热线

下篇 在线解惑：农博士热线

如何解除大棚芹菜弗洛林药害

种植户： 种的大棚芹菜弗洛林使用过量了，菜苗发根慢，苗长得不旺而且有持续烂根的现象，如何解除或者中和药害呢？

农博士： 弗洛林是一种芽前的除草剂，可以用来除棉花、豆类田间一年生的杂草，这种除草剂易挥发、易光解，水溶性是极小的，也不易在土层当中移动。根据描述，由于弗洛林使用过量导致菜苗发根慢，还有持续烂根的现象，可能是发生了药害，一旦发生病害就比较难以处理了。

农博士： 就如何降低芹菜弗洛琳使用过量影响，我给您提三点建

议：第一个方法就是药害后植物的生长发育受阻，及时对它进行营养补充，比如，弗洛林对芹菜根部和幼芽有影响，施肥和浇水时要注意，施肥时可以喷施叶面肥，叶面肥吸收比较快，每亩可以喷施1%到2%的尿素或者0.3%的磷酸二氢钾溶液，保证它有足够的养分补充，这样才能成长，否则就会出现您提到的这个现象，菜苗发芽比较晚而且根发育也很慢。

种植户：对。

农博士：在施肥方面，尽量在叶子长到10厘米以上的时候给它喷施叶面肥，能快速地被溶解和吸收。土壤肥料可以追施尿素，每亩地5～6千克，促使植株恢复生长，减轻药害。第二个方法在浇水方面，因为弗洛琳主要是在土壤中施用，土壤使用之后它会和土壤颗粒相结合，采用大水漫灌可以有效地降低这种药剂在土壤中的含量。我建议您漫灌之后把水排走，不要停留在地里边，同时也可以促进芹菜根部吸水，降低芹菜体内除草剂的浓度。第三个方法是一个农事操作的方法，中耕松土，要记住深翻土、多翻土，翻土是为了增强土壤的透气性，这样就可以促进弗洛琳的挥发，尽可能把损失降到最低。

大白菜的生长习性和规律

种植户：低温严寒天气及阴霾造成我们的大棚春白菜大量地抽薹，减产严重，如何预防呢？

旁白：对这个问题，农博士帮帮团成员觉得一定要先讲讲大白菜的生长习性和规律。大白菜在生产前期需要的温度比较高，而后期是比较低的，而对于春播大白菜来说，气温的变化正好与白菜的生长习性是相反的，播期气温比较低，随后会逐渐地升高，这种情况下大白菜特别容易纯化，也就是我们常说的抽薹。这样的情况下春播白菜的抽薹是比较难防的，但也不是无计可施，具体的操作措施，我们来听听中国农业大学博士生王立为的解答。

农博士：播期要求比较严，不要太早，温度低不太容易抽薹，但也不能太晚，而且一般育苗之后，当温度10℃以上的时候，虽然白天可能气温超过13℃，有时夜间可能都会低于10℃左右，还会抽薹，如果温度太低了，可用地膜覆盖一下，温度提高5℃左右，就比较有效，而且定植以后立刻浇水，水不能浇太多，大概定植后三天就轻浇一次水，而且中午浇比较好，多施点速效肥，再施肥一次，大概一亩用尿素22千克左右，然后再加10～15千克的复合肥就可以了。适量浇水，水如果浇多了容易导致软骨病，水不能盲目浇太多，浇越晚，抽薹的危险越大，观察生长情况，在它没有抽薹或者轻微抽薹、不影响食用时就尽早收获就可以了。总的来说就是注意温度，另外就是早期追肥，就可以减少抽薹率，一定要注意保持大棚的温度，这才是减少抽薹的最好办法。

如何预防大棚莴笋叶腐烂

种植户：大棚种莴笋，叶子出一茬就烂一茬，怎么回事呢，又该怎么办？

农博士：这是莴笋的一种叶焦病，这种病会让莴笋的外侧叶片或者新叶的边缘坏死，有时会波及叶脉，一旦叶片组织坏死之后就容易被腐生、寄生，导致叶片失水，表现出的就是烧焦或者干枯的状态。

种植户：那么莴笋的叶焦病应该怎么进行防治呢？

农博士：叶焦病可以按以下四点来预防：

第一，保持苗期到成熟期土壤湿润含水量适宜，从种植大棚控温方面注意避免温度过高或者过低，凉棚时，注意开小口，通风的时候不要开大口，以避免温度过低引起这种病的发生。

第二，保护根系的正常功能，为了促进根系对水分和养分的吸收，要保持土壤的湿度，不宜长时间过高，尽量保持湿度正常适当，增加棚内空气的流通，有利于阻止叶片受到伤害，特别是嫩叶，后期生长旺盛的时候，嫩叶也要保持适当通风。

第三，施肥的时候注意土壤含盐量不宜过高，每次施完肥一般是五到七天浇水一到两次。

第四，使用充分腐熟的堆肥或者农家肥。

最后，推荐您使用一些叶面速效肥，比如，促丰宝、宝丰收等这些多元叶面肥。但追肥不要过勤，追肥过勤会造成土壤中盐浓度过大，不利于根系的吸收。

再强调一下，这种叶焦病其实是一种菊苣假单胞菌导致的，细菌的滋生和温度的关系十分密切，所以防止叶焦一定要注意控制温度，如果温度过高或者过低都容易发病。

如何防治蜜蜂的病毒病

养殖户：中蜂烂卵，不出工蜂该怎么办？

农博士：这是蜜蜂得了病毒病，这是一种幼蜂的传染病，抗病能力弱的工蜂特别容易患病。

养殖户：应该如何治疗蜜蜂的病毒病，有没有预防的办法和措施？

农博士：春天天气不好，阴霾天气多，这种阴霾天气有利于这种病毒的传播，在防治的时候我给您提以下几点建议：第一个方面以预防为主，在蜂场或者越冬室以及平时的工作中要保持清洁，一般一个月用0.5%的漂白粉溶液或者用10%到20%的石灰乳定期进行喷洒消毒，阴湿的场地可以直接撒石灰粉，死亡的蜜蜂及时清除蜂场烧毁或者深埋，避免病毒进一步传染！第二个方面就是在进行检疫隔离时，如果一旦发现有发生这种病害的风险就要及时从蜂箱中移除，一般这种蜂箱最好也和健康的蜂箱隔离开，移到离蜂场2到4里地以外的地方，然后先抽出患病严重的蜂，将蜂群换入已消毒的蜂箱，被病蜂污染的蜂箱要进行严格的消毒。第三个方面就是加强管理，提高整个蜂群的抗病能力。在药物治疗方面，前期预防的时候可以按照每筐蜂半片病毒灵，用半片和一片维生素两者混合在一起研磨成粉末，然后按1∶1的比例调入糖浆喂蜂，两天喂一次，连续喂三次就可以起到很好的预防作用。

如何防治樱桃根瘤病

种植户：我家种了一千多棵樱桃树，每年都死几棵，有一个定植了四五年的树苗死了，拔下来发现有根瘤，应该怎么治呢？

农博士：根据根部出现根瘤的症状，基本上就可以认定樱桃得了根瘤病，这种病又叫樱桃树的根癌。您家苗木已经定植四五年了，对吧？

种植户：4年。

农博士：有根瘤病，砍伐之后要重新补栽。第一个方面是农业防治方面。首先，要注意的是重新补栽的苗木出苗圃时一定要检查看根部是否有根瘤这种病状，如果发现有这种病状，这种病苗要及时淘汰掉，不要重新定植，要不过一段时间还会发现这种根瘤。其次，是在果园管理方面，建园的时候要选择土壤通透性比较好，并且排水比较好的一些地方。同时建议您最好能够起垄栽培，这样的话排水会比较好，减轻病菌随水传播。

种植户：流动水是吧？

农博士：对。另外您要避免农事操作的时候伤及樱桃树的根部，因为您把根部弄伤了之后，细菌很容易侵染樱桃树根部，可能造成根瘤的发生。最后，您在冬秋季节及时地清除田间的病枝落叶，发现有病株的时候及时把它刨掉。

种植户：根烂了，怎么看都不好看。

农博士：您在刨出烂病树的时候，最好挖一个1立方米大小，或者

是再稍微大一些的坑，看周围的根有没有也发生根瘤，然后把它及时清除掉。

种植户：太麻烦了，这工程也挺大的。

农博士：如果家里果树和果园土壤比较偏碱性的话，建议适当使用酸性肥料，增施一些农家肥，改善一下土壤理化性质。

农博士：第二个方面就是化学防治方面。如果是新苗定植之前，最好能够用药剂浸一下根部，可以用1%的硫酸铜溶液浸根五分钟，浸过五分钟之后再放入2%的石灰水中浸1分钟，这是第一种方法。第二种方法可以用3%的次氯酸钠溶液浸3分钟，主要目的就是消毒，把根部带着的一些细菌真菌等全部杀灭，定植之后，它不会对根部造成一定的威胁，进而就能避免根瘤这种病状的发生。生根粉主要是促进根部发育、根部生长，但是它在杀菌方面没有什么效果，所以对有根癌病发生的地块，最好是能够将根部消下毒。您早期如果发现樱桃树还没有死亡，但是发现它有根瘤病，这个时候应该及时把它周围的土壤扒开，用刀片或者快刀把这个根瘤部分切掉，最好是切彻底一些，最终目的就是能够露出新鲜的木质部，然后在切掉后的位置再涂上一些保护剂，就是用药剂对切口进行处理。

玉米的高产技术

想要玉米获得高产，田间管理是非常重要的，在清除杂草防治病虫害方面都要引起注意。我们邀请到中国农业大学的研究生冯建路在电话当中给这位朋友进行详细的解答。

种植户：我是河北深州的农民，中国乡村之声的忠实听众，小麦收获在即，夏玉米即将播种，我想通过农博士在线咨询一下夏玉米高产的栽培技术，特别是田间管理应该注意什么？

农博士：经营管理方面主要是要根据玉米不同生长期采取不同的措施。第一点玉米苗期的时候，在墒情适宜的情况下，建议您采用物理或者化学的方法，就是人工除草或者打除草剂的这种方法，把田间的杂草或者田边的这些杂草处理干净，因为它在前期对玉米苗吸收营养的竞争是比较大的，而且这种杂草上面往往还生活着一些害虫，对玉米前期的生长是十分不利的。第二点就是玉米出苗后根据早间苗适当晚定苗的原则进行间苗和定苗，一般定苗时尽量除去这种弱苗、病苗，留下壮苗，能达到高产的目的。另外的话，如果前期有弱苗过多的情况，缺苗比较多，要及时

地补苗。第三点是要做好病虫害的防治，要达到高产的目的，重点防治玉米的丝黑穗玉米粗缩病，这都是直接影响产量的。还有一些金针虫及地下害虫，对苗期危害都比较大，特别要注意在大喇叭口时期对玉米的防治，推荐您可以采用辛硫磷或者广灭丹颗粒剂来进行灌根防治，有条件的地方可以不用农药，可以释放一些比如赤眼蜂进行生物防治。夏玉米要特别注意防治蚜虫，因为随着温度的升高，天气比较干旱的话，蚜虫可能会暴发得比较厉害，可以喷施吡虫啉等药剂。

希望夏玉米获得高产，在品种的选择、水肥管理方面也要格外注意。

种植户：玉米打矮壮素应该是一亩地一袋，但是能不能同样的水放两袋矮壮素打两亩地？矮壮素该如何使用？

农博士：给玉米喷矮壮素的时候，一定要按照说明书要求的浓度来配药，比如说一袋矮壮素要兑多少水，两袋矮壮素要把兑水的量加一倍！如果还是用同样的水配出来的药就比说明书上的浓度变大了，高浓度药物会给植物产生药害，可以说是得不偿失。最近几年由于玉米矮壮素使用不当，出现了不同程度的药害，其中一个原因就是使用矮壮素的剂量没有掌握正确。除此之外，还要注意时间，喷药的时间在7到13片叶的时候效果最好。这里面有一个窍门，就是在玉米生长到6月初的时候，玉米的叶片是细长的，叶面光滑，到了7月初期的时候，叶片就会变厚，叶面上就会出现细小的白软毛，用手背可以轻易地感觉到，这时候是喷施玉米矮壮素的最佳时期，在喷施玉米矮壮素的时候要喷高不喷低，喷旺不喷弱。

枣树环剥如何进行

种植户：枣树环剥应该如何进行，什么时候进行？

农博士：枣树落花落果会严重影响产量，一般出现这样的问题可以通过环剥来解决，环剥又称加速开甲，是增加坐果、促进成熟、提高品质的简便有效的措施。

种植户：应该怎样进行环剥，其中有哪些技术要点？枣树现在不开花了，老树开花在什么时候给它环剥合适？

农博士：建议您枣树开花大概10天到15天左右进行环剥，而且环剥的时候注意也不要环剥太宽、不要太早。

种植户：是不是打药要打那种保花的，在环剥期过后再打呀？

农博士：要提高它的坐果，建议您不要在刚开花的时候进行，稍微等花出来一点、盛花期坐果前进行环剥。环剥之后要把防虫的一些药涂在伤口上，如果不涂的话容易产生病虫害，而且环剥后要加强水肥管理，建议您喷一些叶面肥，喷一些梨酸或者尿素混合液，可以增强树的长势。

种植户：谢谢您！

如何防治核桃腐烂病

种植户：核桃树干流黑水挂不住果怎么办呢？

农博士：核桃树干出现流黑水的症状又挂不住果应该是得了腐烂病，一般核桃树腐烂病属于真菌性的病害，主要通过风雨或者昆虫来传播。

种植户：那核桃树腐烂病防治方法有哪些？

农博士：在管理上，前期您做一些增强树势的管理，这是防止腐烂病的基本措施。第一点，通过深翻改土以及中耕除草，增加有机肥的使用量，及时地追肥、合理间作、及时地排灌排水，保证合理的减枝。前期的这些综合防治措施做到位的话，可以增强树势，提高核桃树抗寒抗冻以及抗病能力。第二点，清洁园内卫生，及时把核桃树园里病枝焚烧掉，或者带出果园进行深埋。在冬季的时候把树干尽量涂白，因为本身这种病害发生在树干部分，涂白可以有效地减少病菌的入侵通道。涂白剂配方一般是生石灰12.5千克，再加上1.5千克的食盐和250克的植物油，

或者再加500克的硫黄粉，然后把这些所有的东西混匀之后溶解在50千克水中，涂在树干上，涂的高度大概就是从地平面开始涂到1.5米这个高度就可以了。把树干涂白这个时间一般是在11月中下旬。

最后还要在春季刮核桃树的老皮，并且在伤口涂抹药剂，另外在发病的初期还可以使用多菌灵、百菌清等农药进行喷雾治疗。

如何防治黄瓜靶斑病

种植户：我的蔬菜大棚黄瓜得了靶斑病，请教一下用什么药防治？

农博士：黄瓜靶斑病主要为害叶片，一般在黄瓜生长的中后期开始发病，温暖高湿的气候条件更容易促进发病。

种植户：如何防治黄瓜靶斑病？

农博士：第一个，在农业防治方面你可以采取实时轮作，主要是以这种非瓜类作物进行两年以上的轮作，轮作前要彻底清除前茬作物和病残体，减少初侵染源。第二个，就是在种子处理方面，如果黄瓜种子没有经过包衣，建议您最好采用55℃的温水浸种20分钟，这样的话能够杀死种子表面的细菌或者病菌。第三个，您在平时的管理过程

中，黄瓜本身不耐涝，建议选用排灌方便的地块，降低田间的湿度，如果能够起垄栽培的话最好了。同时要合理密植，保证支架之间的通风透光条件，如果有人力的情况下，最好及时打掉下部病斑较多的叶片。

种植户：施肥时应该注意什么？

农博士：在施用肥料的时候建议您最好施用农家肥，农家肥让它充分的腐熟，因为不腐熟的农家肥容易带一些病菌，造成黄瓜产生一些病害。

种植户：灌溉方面呢？

农博士：在灌溉方面要小水勤灌，避免大水漫灌，因为大水漫灌的过程中可能会让病菌在田间传播开来，对其他健康的植株造成危害。您是大棚种植的黄瓜，对吧？

种植户：对。

农博士：在傍晚的时候要注意通风排湿，不要让棚内的湿度过大，因为湿度过大了，这种病容易发生。同时增加光照，创造有利于黄瓜生长发育，同时不利于病菌萌发侵入的这种温湿度条件。在药剂防治方面，其实前期这种病是可以预防的，前期在发病前可以用药剂进行前期的喷雾预防。

柿子落果怎么解决

种植户：一棵十几年的柿子树，现在掉柿子，怎么回事儿，该怎么办？

农博士：柿子落果的原因很多，可能是生理原因，也可能是病虫害造成的，其中生理原因还可以细分为花芽分化，不完全授粉或者花期遇到阴雨天气。

种植户：有没有办法解决柿子落果问题？从来没遇到过这种现象。

农博士：这可能是花期的时候，一直下雨，对于授粉可能影响比较大。我不知道您对树的修剪是怎么样的，一般情况下如果修剪不好的话也可能会影响透光，透光不好会造成落果。我可以给您解说下，您要是种了很多年以前都没遇到这种问题的话，应该不是授粉的问题。您对主干进行环剥了吗？

种植户：北京地区正好花期的时候连阴天带下雨折腾了好几天没见到太阳，结果后来一晴天柿子就掉了90%多，一棵树没剩下几个。

农博士：建议您修剪时要进行一些处理，而且阴雨的时候，授粉的树要进行一些保护。田园里头进行排水处理，在5月份或者7月份果实膨大的时候进行简单追肥效果会很好。

种植户：这是院子里种的，但是授粉不受影响，因为我们这旁边还有一棵树，这两棵树离得有七八米远。

农博士：主要的原因估计是因为花期的时候阴雨太多影响到柿子树授粉的结果，所以造成落果比较严重。

红薯掐尖怎么掐

种植户：红薯掐尖应该怎么掐，苗肥应该怎么施？

农博士：红薯掐尖主要是为了控制红薯秧子过度生长，让养分更多地转移给地下的块根，即薯块本身。

种植户：具体应该怎么操作？

农博士：一般情况下在树苗成活以后轻施一些氮肥，大概在播后十天左右，一般一亩可以施尿素5千克左右，或者施人粪尿大概是500千克到600千克，沙壤土可以适当多施一点，黏土尽量少施一点，如果苗长得比较弱的话就多施一些，苗好就少施一些。等到后期结束的时候，因为薯块膨大需肥量比较大，而且它特别需要钾肥，您就可以把钾肥施在垄的两边上。因为红薯比较耐旱，后期土壤水分不要太大，您要看到水分太多的话，注意排出一些田间积水。

种植户：您说下掐尖、翻蔓、提一下吧？

农博士：以前有人种红薯的时候采用翻蔓，就是把蔓翻一下，然后再翻回来，这样效果不是很好，有可能还会对它产生伤害，所以现在一般就不翻蔓了。提一下就是把蔓提起来放回原处，目的是为了防止在蔓上生根。掐尖就是一般看到蔓长到大概40～50厘米左右的时候，就把蔓的顶端大概1～3厘米给它摘除就可以了，目的是为了防止营养都流到其他地方去了。另外，建议您喷一些矮壮素等，控制秧生长，尽量让秧长得稍微弱一些，养分都进根块。喷矮壮素时可以用叶面喷，在叶面喷的时候也是提蔓的时候，一起进行就可以了。您是大棚种还是在大田种？

种植户：大田。

农博士：大田的话，如果一天之内有降水的话就还得重喷一次。注意中耕除草、挖沟，把地面上一些裂缝都给它盖住，可以减少水分的丧失和养分丧失，也可以促进薯块的膨大。

如何防治枣疯病

种植户：枣树得了疯病怎么办？

农博士：枣疯病已成为困扰很多农民朋友的一个问题了。其实，枣疯病不仅困扰着广大枣农，也是一个世界性的枣树栽培难题。枣疯病是我国枣树的严重病害之一，一旦发病，第二年就很少结果，发病三到四年后，整棵树木都会死亡，导致大片枣林被毁，对生产的威胁是非常大的。一旦出现疯长的枣树，要赶紧伐掉。

种植户：有没有更好的办法，能把疯长的枣树治好呢？

农博士：枣树疯了就没法儿治这个说法，过去是非常流行的，但这个说法现在已经过时了。可以说现在枣疯病既可防，又可治。下面我简单介绍一下防治的一些情况。

农博士： 枣疯病是一种重大的高传染性、高致死性的病害，在20世纪40年代就有报道，到现在有七八十年了。在我国各个主要产区都有发生。枣疯病被老百姓称为枣树的癌症，因为很难治，而且一旦患病以后，小树一到两年就整株死亡。枣疯病有三个主要的传播途径。第一是母子传播，大树传小树。我们知道枣树有根叶，有大树下的一些小的一些根叶和小树，通过母子可以传播，主要是短距离传播而且范围比较小。第二个就是嫁接传播。果树可以嫁接，嫁接的话通过不同的地方来接穗，就可以实现远距离的传播。第三个是媒介昆虫。也是最常说的叶蝉，叶蝉的传播是最主要的一种传播途径，能大规模传播。枣疯病是一个叫支原体的病原所引起的，它在树皮里边的韧皮部里面待着，不像很多病原体在表面上，表面喷药就能解决，它在树皮里面，一般根本治不着它，所以很难防治。其实有上千种植物都有这种病害，都是难防的，是世界性难题。现在我们有三个方法来防治：第一，种抗病品种，种抗病品种就不会得这种病。第二，输液治疗。得病以后要输液，为什么输液呢，因为病原在树皮里面，喷药是没用的，就像人一样输液才能把病原杀死。第三，综合治理，对于刚发病的树要及时去掉疯根，在刚刚发病还没有传播开来时，如果能够及时地把疯根去掉，去彻底，至少可以减缓病害的发展速度。同时少量传开的可能都是失去结果能力的老树，本来就需要更新了，这种情况可以进行刨树。还有就是要加强管理，加强管理的主要目的是要通过控制叶蝉的数量，可以减缓病害的发生速度。枣疯病虽然是一个很难治的病害，但是如果方法得当，仍然是可防可治的。

如何预防桃的果实裂核

种植户：我请教一下桃的果实裂核原因是什么，该怎么预防？

农博士：桃树果核开裂属于生理性的病害，一般可能发生在两个时期，一是在果核还没有木质化的时期，专业上叫果实第一次迅速膨大期，发生在核内部的内层部分；二是在硬核期。

农博士：裂核的原因有以下几个方面。第一个就是品种特性，一般早熟品种或者中晚熟品种容易发生裂核现象。第二就是与叶果比有关系，如果叶果比比较大，就是说结的果少但是叶子长得茂盛，空气干燥时叶片蒸发的水分也大，那么果实营养过剩的话也容易造成裂核。第三就是与生产管理不当有关系，蔬果量如果过大或者大水漫灌等这些措施容易人为造成裂核。第四个就是与气候有关，果实因为核期雨水过多、干旱高温以及桃树营养生长与果实生长不协调等这些情况都容易造成桃果实裂核。

种植户：有哪些防治措施？

农博士：防治措施主要如下：首先就是要科学施肥，多施一些有机肥，控制氮肥，增施一些磷钾肥，特别是要注重在施肥的时候多施一些钙肥。第二就是合理灌溉，特别是在桃树的硬核期水分够用的情况下应该控水，尽量少浇水，浇水的时候用滴灌或者喷灌的技术，不要用大水漫灌，避免产生裂痕现象。第三要加强夏季修剪，因为很多果树品种夏季修剪不当的话容易造成裂核，所以要多留一些弱枝，除

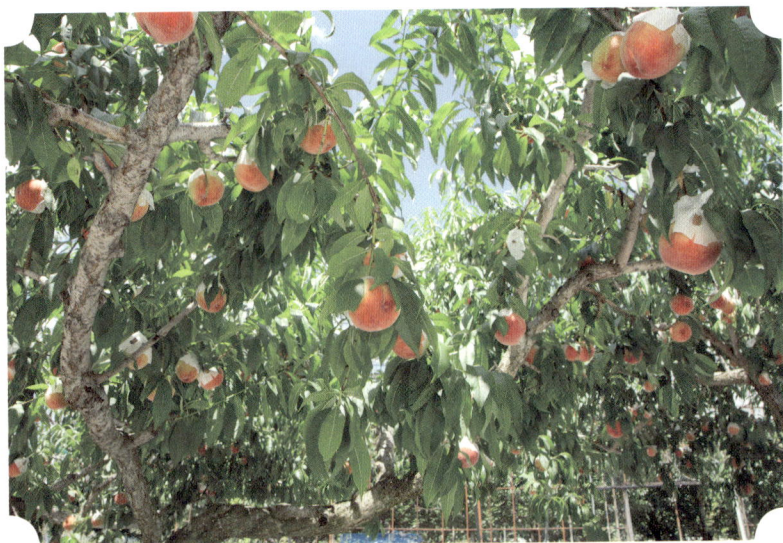

去一些壮枝，要适时疏花疏果，要合理的负载，不要让果树结过多果，这样不利于果树养分分配。也不要太少，太少的话花果容易营养过剩，也容易造成裂核。疏花疏果的时候要保证树体正常生长，能满足结果的需要就行。

核桃嫁接要注意哪些问题

种植户： 核桃老品种想嫁接新品种该怎么嫁接？什么时候嫁接？

农博士： 核桃的嫁接时间因嫁接方式、地区还有气候不同会有所差别，要因地制宜。一般来说，嫁接有两种形式，一种是枝接，一种是芽接。通过嫁接更换核桃品种，一般的是通过枝接，最好的时间是四月上旬到五月上旬。

种植户： 这种嫁接方式该怎么具体操作？

农博士： 您提到了您家这个核桃树树龄比较大是吧，是老核桃树了？

种植户： 有七八年了，有400多棵。

农博士： 那您说的这个在老品种上嫁接新品种，学术术语叫高阶

换种，不知道您听说过没有。

种植户：哦，一般就接桃树、梨树。

农博士：我给您介绍一下怎么接，目前的核桃嫁接主要是采用两种方法，一种是插劈接，还有一种是插劈折接。插劈接是枝接中成活率比较高的一种方法，适合在春季进行，一般嫁接您家现在树林比较大的品种。这个称为砧木，在砧木离皮以后进行，具体操作步骤主要有三个：第一个就是制作这个接穗，一般来讲接穗上要留有两到三个芽，有利于它的成活。那么下端曲成一个斜面，大概是六到八厘米长。形成这个斜面的话好往这个砧木上插。第二个就是砧木的一个开口，在这个嫁接处将砧木锯断，一般是直接横切锯断，或者剪断。然后把这个平面削平之后选择一个砧木光滑的一面，然后从上往下垂直地划一刀，划过之后也要显示出一个平面状，主要是为了给那个接穗进行一个愈合。那么这个长度与这个接穗这个面基本上是等长的。同时用这个尖刀顺着这个刀口将这个皮层，向两边拨开，有利于到时候它们两个一块愈合。第三个步骤就是把这个接穗插到这个砧木上，并且包扎。砧木开口后接穗迅速地插入切口，插接穗的时候要使接穗和砧木切面紧密相接。最后用佐料条扎紧绑好就行了。

种植户：谢谢您！

为什么大包菜包心初期和中期
追肥时氮肥更重要

种植户：为什么大包菜包心初期和中期追肥时氮肥更重要？

农博士：其实，这是由大白菜吸食量及其自身的吸收规律所决定的，与磷钾等植物营养元素相比大白菜对氮素的要求更为敏感。因为氮素它可以提高白菜光合作用的能力，促进叶片的肥厚和叶面积的增长，有利于外叶的扩大和叶球的充实。如果氮素缺乏，白菜就生长得相对缓慢，颜色变浅，叶球就不充实。当然除了氮素其他营养元素也应该配比。

种植户：好，这个磷钾肥还用施吗？

农博士：当然，必须施。氮素很重要，但是其他的也要配比合理一点。我们在华北地区推荐的方案是每公顷施纯氮285～330千克，然后五氧化二磷75～90千克，氧化碘135～165千克。

种植户：哦，这样一个比例是吧。

农博士：对。

种植户：那为什么在这个大白菜包心后期不适宜追肥呢？

农博士：不适宜追肥，有两方面的原因，一个原因是由白菜自身的生长发育特点决定，因为大白菜结球后期它的生长速度变慢，外叶逐渐衰老，生理活动也减弱了，所以追肥的效果并不好。还有一个原因就是天气与追肥的关系也非常紧密。因为一般来说白菜生长的后期光照短温度低，植株生长缓慢，吸收营养也少，所以追肥的效果并不是特别明显。

种植户：好。秋季天气变化非常多，那追肥的剂量是不是要根据不同的天气来进行控制呢？

农博士：对，确实是天气和追肥有非常紧密的联系。气温的高低直接关系到肥效挥发的快慢。高温施肥养分挥发较大，这样的话，高温天气下就比较适宜施半腐熟的有机肥，半腐熟的有机肥养分分解慢一点。我们尽量避免在烈日高温下施用化学肥料，如果必须施的话，可能量要稍微大一些。低温时作物吸收的能力相对较弱，尽量要把肥料施在根茎的附近，然后用土盖住，这样的话有利于作物吸收。我们再说说晴天雨天与肥料的关系。有机肥与速效肥料其实都不适宜在雨天施用。因为特别是硝酸氮它在雨天施用的话，容易发生淋湿，也容易因挥发而失效。一般来说在多雨的季节我们要尽量在雨后转晴时追肥。最后我们说说光照与施肥，连续阴天日照不足的情况下，不易过多地单纯施用速效氮肥肥料，因为这样容易伤害土壤，如果光照充足的话，作物吸收养分也增多，可以适当追肥，以提高产量。

种植户：谢谢您！

如何防治苹果炭疽病

种植户：我是种苹果的，今年果子还没摘，有的就已经开始腐烂了，是怎么回事？

农博士：苹果还没摘就烂了应该是苹果得了炭疽病，苹果炭疽病主要为害果实，也会为害树干，一般来说苹果的炭疽病在整个生长期都可能发病。但是七到八月份果实接近成熟的时候也是发病最重的时候，尤其是排水不良、土壤黏重、地势低洼、虫害造成的伤口等特别容易引起这种病的发生。往往一棵树上有病果会逐渐地向周围蔓延。

农博士：具体防治措施大概有三方面：第一是农业防治。在管理上冬季结合修剪及时剪除枯枝病枝，集中把果树树枝带出果园焚烧或者深埋。剪掉病枝和病虫枝，发病初期及时摘除病果，因为如果病果没有摘，经过风、雨水可能把病菌溅到其他健康果子上。及时清除地面的落果，可减少再发病的机会。

种植户：第二个呢？

农博士：第二个是施肥。施肥要平衡施肥，最好采用配方施肥，不要偏施氮肥，不要认为偏施氮肥树叶长得茂盛就好，其实抗病能力可能就下降了。适当地增施一些磷钾肥，可增强树体的抗病性。

种植户：一般我都施土肥，我这儿有猪有鸡有羊。

农博士：太好了，是农家肥的话，记住农家肥要充分腐熟，就是要在堆肥腐熟之后施在果树的根部附近。及时进行除草，雨后及时排

水，不要让园子里边有积水。

种植户：我在果园里套种了花生、白薯行不行，要不以后就不套种了。

农博士：套种不要影响果树的生长，因为如果套种面积过大过密的话，它会争夺养分。可以适当套种一些，但是要保证树体的正常生长，不要只重视间作作物而忽略了果树产量，即不要重农轻果。

农博士：另外贮藏期内如果温度过高、湿度过大，对于已经感染了炭疽病的果实，危害可能会继续扩展，造成贮藏期果实大量的腐烂。所以要加强贮藏期的管理，入库前要清除病果，也要注意控制库内温度。

农博士：第三是化学防治。在早春果树发芽前喷施一次保护性杀菌剂，主要目的是消除越冬的病菌，可以用40%的氟镁砷100倍液。

种植户：氟镁砷？

农博士：对，氟镁砷或者石硫合剂。

种植户：石硫合剂或用氟镁砷？

农博士：对，石硫合剂一般是比较常用的，我刚说的氟镁砷是比较好的一种保护性杀菌剂。还有二硝基邻甲酚钠200倍液，也是早春时期预防用的一种药剂。

种植户：早春期打药？

农博士：生长期施药应该在落花后到结果幼果期，时间非常关键，因为为害果子的这种病菌，就是果子出来之后为害，给产量造成影响。所以落花到幼果开始膨大的期间要做好防治工作，一般是每隔15天左右喷一次药，喷的药可以有多菌灵代森锰锌的混合剂或者多菌灵和退菌特混合剂，再或者就是甲基托布津和百菌清的混合剂，主要是抗细菌病菌，其他的都是预防性的，还可以喷施2%的抗酶菌素水剂。

种植户：我喷个吡虫灵行不行？

农博士：吡虫灵主要是防虫的，可防治蚜虫。

种植户：对于菌类不起作用是吧？

农博士：对于细菌吡虫灵是不起多大作用的。

种植户：没起什么作用？

农博士：对于细菌，像代森锰锌、多菌灵、退菌特及百菌清这类药剂防治病菌效果比较好。另外如果已经发病了，可以喷施25%的米酰胺危乳剂600～1 000倍液。一般是10～14天喷一次，连续喷三到四次就可能有效地控制苹果炭疽病的发生。

如何防治枣树的黄叶病

种植户：我家的枣树叶片黄化，烧尖，现在枝条还干巴，小叶片还烧烂了，想让农博士帮帮给分析一下是什么原因。

农博士：叶片变黄，叶尖枯萎了是吧？

种植户：对，整个树叶都黄了，叶子旁边也没有花了。

农博士：这是枣树的黄叶病，主要为害叶片。尤其是新烧叶片以及顶部比较容易受害，初期叶肉褪绿，呈现黄绿色。叶脉基本保持绿色，随着病情的发展，病叶整个会变白，开始焦枯，早熟的黄叶病，病叶大都从顶部叶片开始发生，逐步地向下蔓延，有时候整个侧枝上的叶片都会发病。如果您家里的枣树也有这些症状，那么就可以断定，一定是得了黄叶病。

种植户：那应该怎么防治？

农博士：它其实是一种生理性病害，主要是由于缺铁元素引起的，土壤盐碱还有板结及石灰质偏高，都容易引起黄叶病，导致生理性缺铁，这是导致这种病发生的根本原因。另外，根部如果有病虫害以及枝干上有病虫害，都能加重黄叶病的表现。

种植户：我家的枣都烂了。有的树这样，有的树为啥不这样？

农博士：枣树黄叶病容易与褐斑病同时发生，它还可以引起其他的次生病害。

　　具体的防治措施、防治技术我给你提两点建议吧。加强枣树管理，主要是增加农家肥和氯肥等有机肥料。不要偏施氮肥，就按科学的比例，施用这种速效的化肥，配合根施，施用有机的这种或者有效的铁肥主要是硫酸亚铁。铁元素可以改善土壤条件。那么除此之外，在雨季注意排水，促进根系的发展。根部发育得好的话可以促进根对铁元素的吸收，及时防治这种根部的病虫害，可保证营养的运输通畅。

　　农博士：一出现黄叶病一定要及时治疗，病树要尽快地喷施速效铁肥，这是救治黄叶病的重要手段。从黄叶病发生初期开始往枣树上喷施铁肥，十天左右喷施一次，直到使叶片全部转为绿色为止。

　　种植户：哪些铁肥是比较合适的？

　　农博士：效果比较好的有黄叶灵及硫酸亚铁加入柠檬酸等。硫酸亚铁、柠檬酸混合剂这些药剂的效果比较好，都是补充铁元素的一些药剂，算是营养药剂。就像人如果缺钙的话，吃一些补钙的药剂一样。枣树上喷肥时，可以适当混加一些速效肥，比如说混加0.3%的尿素，可以显著提高铁肥的喷施效果。以上是防治枣树黄叶病的一些具体措施，希望对您有所帮助。

　　种植户：谢谢。

如何防治枣树缩果病

种植户：枣树已经长了十多年了，但是总觉得长得枣特别的软，怎么办？

农博士：这是枣树的缩果病，属于细菌感染的病害，有的地方也叫烧茄子病，或者束腰病。枣树果实染上缩果病之后，初期果皮上会出现浅黄色的病斑，然后逐渐失水萎缩，果实失去光泽，还没成熟就脱落了，病果的味道发苦。

种植户：那应该如何防治呢？

农博士：这种病的病菌主要是靠昆虫、雨水还有灌溉水传播。通过雨水传播就是一个枣得病后，若下雨时溅到上面有水滴，水滴又溅到其他健康的枣上，这样就会把病传播开来了。病菌由害虫传过来主要靠蚜虫，还有飞虱，它用它的口器刺激健康的果，然后再刺激病果，然后再刺激健康的果，这样来回在健康与病果之间进行传播。

种植户：对。

农博士：因为果实发育期与气候条件密切相关，一般来讲，气温在22～28℃，是发病的高峰期，遇到这种阴雨连绵天，或者夜雨骤停的这种天气，常能暴发成灾。在这种天气情况下，要稍微注意一下。那么具体的防治措施，我给你提三点建议。

第一点就是选用抗病品种，如果枣林不是很大，枣树不是很大的话，可以更换品种，比如说山东的圆铃枣系列、八月炸、九月青、

齐头白、马牙枣还有鸡心枣这类抗病性比较强的品种，可抗枣树的缩果病。

主持人： 第二点就是农业防治方面，要注意加强枣园的管理，合理修剪保持园内的通风透光良好，同时培养壮树，提高枣树的抗病能力，还要加强对蚜虫、飞虱等刺吸式害虫的预防，降低虫口的密度。第三点就是我们还可以采取药剂防治的方法来预防和治疗枣树的缩果病。

农博士： 防治的话到八月份果实白熟末期，那么树冠喷施琥浇肥酸铜（DT的简称），琥是琥珀的琥，浇是浇水的浇，肥是肥料的肥，酸是酸性的酸，铜是用的金属那个铜。

种植户： 琥浇肥酸铜？

农博士： 对，简称DT。它是可喷施性剂，您喷施600倍液或者就用甲基托布津800～1 000倍液。

种植户： 甲基托布津？

农博士： 对。

种植户：甲基托布津，我们这里有卖的？

农博士：甲基托布津是常用的杀菌剂。或者用72%的农用链霉素3 000倍液。

种植户：农用链霉素也行？

农博士：对，72%农用链霉素，八到十天左右防一次，连续防三到四次，每次喷杀菌剂的时候，再加入90%的这种晶体敌百虫，这样可以兼治传病的一些昆虫，比如飞虱，还有蚜虫等害虫。

种植户：我们家有杀虫剂可以用吗？

农博士：可以的，杀菌剂和杀虫剂的酸碱性您要认准，看清酸碱性，另外杀虫剂是杀刺吸式类害虫的。

种植户：杀这些飞虱我们这都用吡虫啉。

农博士：对，吡虫啉是可以的，吡虫啉对刺吸式害虫效果比较明显，这样的话就可以很好地控制枣树的缩果病。

种植户：前面情况还可以，后面厉害。

农博士：对，它是到后面就表现出来，主要是从白熟期开始打，打三四次，用这些药物防治会有很好的效果。

柿子的储藏技术

柿子在采摘以后很快就会软化，非常不耐贮运，这是困扰柿子栽培户的问题，今天我们特意邀请到中国农业大学果树系的李宝博士上线为大家详细地介绍柿子的采收和贮藏保鲜技术。

主持人：李老师你好，现在是柿子大规模集中成熟的时间，可以直接采收了吗？

李宝：关于采收时间的确定问题，因为采收时间早晚对果实的品质、储藏性能影响比较大。一般来说我们需要根据品种和我们的用途来确定。一般来说可以根据设施及用途，比如说如果您要用于脱涩的鲜柿品种就应该适当地早收，在果实部分由绿变黄时采收，这个时期采收脱涩后果肉硬度比较脆，而且爽口便于运输。如果用于软柿的采收，可以在果实充分成熟后采收，以保证果实营养，当然如果为了加工柿饼，当果皮变成橘黄至橘红色的时候，果肉这时期尚未变软，这个时期采收最好。如果要是甜柿品种一般来说不需要进行产后处理，所以就可以在果实表现出这个品种固有的色泽时采收，这时候营养成分最好。

主持人：好的，刚才李老师给大家介绍了不同用途的柿子采收时间是不一样的。还有就是吃柿子的时候我们有的时候感觉到有点涩，那么有哪些方法可以对柿子进行脱涩，让它口感会更好，销路会更好呢。

李宝：在这个方面一般来说，总体上在栽培品种里边分为甜柿和涩柿，甜柿是不需要进行人工脱涩处理的，而涩柿如果要想退涩必须

经过人工脱涩处理。脱涩是什么呢？脱涩就是由果肉中可溶性单宁变成不溶性单宁的这个过程。在长期的生产实践中人们发明了多种方法来人工脱涩，归纳起来主要有传统方法（即主要用温水或者是冷水或者用石灰水浸泡）和现代方法。对于现代方法来说主要有以下几种，第一是乙醇溶液处理方法，第二种是高浓度二氧化碳或者氮气处理方法，第三种是干管真空包装脱涩这种方法。综合来看，传统的脱涩方法，脱涩时间比较长，而且脱涩后果实容易腐烂褐变或者是变软，而且不适合大规模的脱涩。而高浓度二氧化碳脱涩方法一般来说只需要一到三天，所以适合商业化操作，短时间内可以处理大量果实。这一方法已经在日本或者是欧洲等主栽品种上大规模地采用。但是在实际应用中，我们应该明确的是，无论采用哪种方法，处理效果都会受到品种、成熟度、温度和气体成分等因素的影响。

主持人：刚才也介绍过柿子不耐贮运，那么就目前而言，柿子的贮藏保鲜技术主要有哪些呢？

李宝：柿子的贮藏保鲜技术应该主要考虑两方面的因素。第一方面就是温度，因为温度对柿果实采后寿命影响最大；第二个就是抑制果实乙烯的产生。为了达到上述两个目的，一般来说需采用以下几个途径。第一个途径就是注重包装方式，在发达国家比如说日本，它目前通常就是采用具有不透水材料涂层的瓦楞纸箱，而且保持箱内的相对湿度在百分之七十以上。这样就可以有效地减少柿重、推迟乙烯的生成，并且抑制软化。第二个途径就是注意采用良好的储藏条件，一般来说保存在零度条件下并且保持相对湿度为85%到90%比较理想。第三个途径就是用乙烯抑制剂，比如常用的抑胺制剂，抑胺制剂处理以后可以有效地延长柿子的储藏时期和发展期。第三个途径就是采用采前处理，主要是采前一到两周喷施硝酸钙或者是赤霉素可以延长采后储藏期，如果赤霉素加抑胺硒氯再处理一下，在一定条件下果实可以存放三个月。

主持人：柿子的运输过程当中还要注意哪些问题呢？

李宝：因为柿子比较娇气，除了在采摘和各种处理过程中应该注意精心以外，在运输过程中要注意两方面的问题。第一是避免机械伤害，因为在磕碰以后柿子果实表面看不出变化，但是内部果肉反应比较强烈，比较容易软化，因此尤其要注意避免磕碰，要比其他水果更精心一些。第二是要注意清除运输环境中的乙烯，在这方面，使用乙烯清除剂等都可以。一般来说注意上面两方面就够了。

葡萄种植时，硼液浇洒有什么技巧

种植户： 葡萄在花前花后用硼液浇洒在叶片上，怎么操作会更好一些呢？有没有现成的硼液？

农博士： 您说有没有做好的？

种植户： 对。

农博士： 这个市场上有的。

种植户： 有啊？

农博士： 有卖硼酸、硼砂的。

种植户： 我们这边硼酸是找不到的，只有硼砂。

农博士： 只有硼砂是吧。硼酸呢？

种植户： 没有，这里没有卖硼酸的。

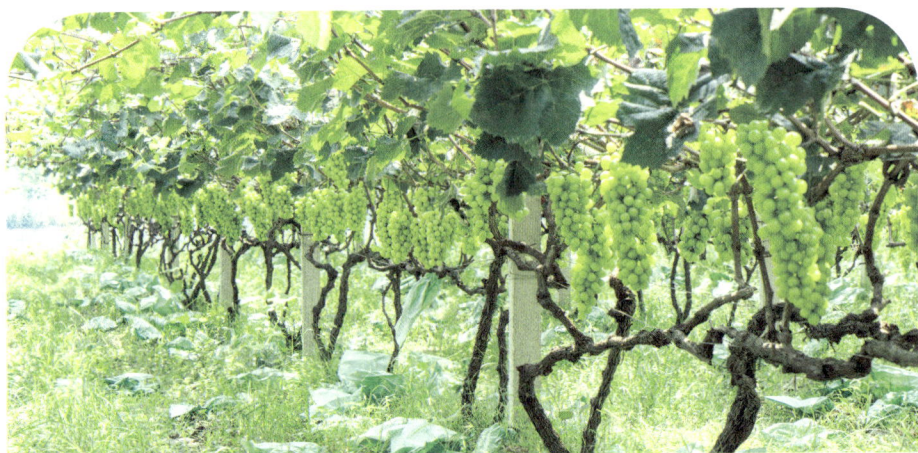

农博士：那你用硼砂也是可以的。

种植户：它不溶。

农博士：您是说它的溶解度不高是吗？

种植户：对，就是溶解度不高。

农博士：我的建议是把硼砂先溶在开水里面。

种植户：用开水好溶解一些？

农博士：对，开水的温度要高，它的溶解度会高一点。

种植户：是这样的。

农博士：你在用热水溶解的时候，最好把开水经过一段时间冷却，冷却的时候硼砂就有可能会结晶析出来，就是说溶解在开水之后用热水瓶装起来，然后，把热水瓶带到地里边等着，再配浓度，就是再等一段时间再喷在植株上，就怕在路途当中热水变冷了，变冷了硼砂就析出来了。

种植户：是这样的。

农博士：还有，2.3千克的热水瓶可以溶解500克的硼砂，配的时候硼砂不要太多或者太少，效果都不太好，硼砂最好1亩地喷750～1 500克左右。

种植户：750～1 500克？

农博士：对，如果是离架的话，每千克用30～60克最好。

种植户：好，谢谢您。

如何解决大白菜干烧心

农民： 我们邻居和我家都出现了问题，大白菜苗期没事，定型以后就会干一点。

农博士： 心叶干一点叶边缘会发黄是吧？

农民： 不是发黄，是里面的心干，把大白菜一切开里面发干。

农博士： 收获之前能看出来吗，有什么症状吗？

农民： 看不出来。只给白菜施过一次基肥、复合肥，其他的农家肥都没施，尿素也没施，因为施氮肥的白菜会烂得更加厉害，但是到底是怎么回事呢？

农博士： 那基本就可以确定是缺钙了，因为河北地区土壤里不是很缺钙，但是，氮肥施得太多的时候，会影响钙的吸收，如果缺钙的

话，就会从心叶开始坏死干枯。现在您家白菜应该快收获了，跟品种、气候及施肥条件都有关系，跟很多情况都有关系。比如说跟土壤里不同元素的含量有关，还有氮肥使用太多也不好，还有跟浇水也有关，浇水太多，根系就吸收不好，太少对钙的吸收也不好，好多原因都会导致这种情况。像您家这种情况，建议您在施氮肥的时候少施一点，还有如果太严重了，可以换品种，如果不换品种可以多施一些有机肥，施用一些硝酸钙，还有可以在结球前后，喷一些氯化钙叶面肥。

农博士：还要提醒您要注意勤浇水，除了在苗期，其他时候要保持田间土壤湿润，不要太干也不能太湿了，在生长期间还要注意氮磷钾肥的均衡。

种植户：好的，谢谢！

辣椒种植中多效唑如何利用

种植户；我是种辣椒的，想问一下多效唑在辣椒上怎么用？

农博士：多效唑是改变作物生长素的一种植物生长调节剂，主要是可以缓解植物的营养生长，抑制茎秆的伸长和缩短节间。促进植物开花，早开花，既能够多结果实，同时也能够起到增加植物抗逆性的作用，进而达到提高产量的效果，所以对于农业增产增效来说意义还是挺大的。那么这多效唑究竟该怎么使用？您是想往蔬菜上用还是其他作物？

种植户：是辣椒上用。

农博士：在辣椒上用，要注意一点就是用量问题，根据辣椒品种而定，有些辣椒就像朝天椒一样，他长得是紧凑型的，个头不高，但是辣椒结得非常多，这样的话就不宜使用太多矮壮素或多效唑。还有它本身长势就不好，你再使用这种抑制类的药剂，可能对它的生长是很不利的。对长势比较旺的辣椒品种，避免徒长，希望多结果，可以喷施一些多效唑，控制旺长，从而多结果，这样的话会起到较好的效果。另外，就是天气温度高的情况下，有些辣椒可能会徒长、旺长，可以涂些多效唑。

种植户：对。

农博士：还可以在大豆、棉花、花卉、冬小麦上应用，效果也是比较明显的，能够起到一个增加分蘖、抗倒伏的作用，主要是为了防

止植株徒长。

多效唑使用时一定要注意用量，如果多效唑用量大的话，苗就长不起来，到后期结果可能会受损、受影响。

种植户： 对。

农博士： 如果施多了多效唑，可浇一下水，稍微施一些氮肥或者喷一些赤霉素来解药、解毒。

如何解决核桃坐果少

种植户： 我们家今年种了100多棵核桃树，有三分之一的核桃树坐果少是怎么回事？

农博士： 您家那个树有病虫害吗？

种植户： 病虫害也有。

农博士： 病虫害是一方面。原因较多，第一可能缺肥，或者缺少微量元素。所以施肥非常关键。不知道您施肥怎么样？一般前期以施氮肥为主，中后期就施一些磷钾肥。尤其在采摘之前，可以再施复合肥500～1 000克，或者施肥的时候注意施得深一点，不宜浅。施得稍微远一点，大概1米以外。然后不要施太多，容易伤到根。这是施肥的问题。您说有三分之一的核桃都坐果少，是不是因为授粉也有问题？

您是采用人工授粉吗？

种植户：不是，是自然授粉。

农博士：对，想跟您说一下这个问题。一般授粉不良，就容易坐果不好。雄花花期比较短，也就三四天左右，而雌花的花期非常长。所以尽量要采用人工授粉，相对来说授粉率就高一点。采集的雄花放到避风向阳的旧垫子或席子上，在阳光下晒两三天，然后傍晚的时候把花粉收集起来，放到塑料袋里，最好放冰箱里留作授粉用。雌花在柱头变成紫红色，然后变庞大，并且出现黏液的时候，是授粉的最好时候。大概在上午九点到十点，最好是没有风的时间，然后进行人工授粉。比如，可以把它放到一些纱布袋里，然后放在竹竿上一边走一边抖，把花粉溶在水里，然后继续喷，提高一些授粉率。还有可能是夏天比较热，干旱的时候也容易引起这种情况，记得要及时浇水，太旱了，也会导致坐果不好。

种植户：好，谢谢您！

如何提高果树收成

种植户：自家拥有梨树、桃树和杏树，这几年好像没有特别满意的收成。

农博士：能给我说一下您大概是怎么管的吗？

种植户：梨树都十年了，一直不会管理，反正每年也长，到后期，梨就长得较少，梨还烂了。个挺大的，差不多1斤半左右，因为口感不错，卖烂梨也能收入1万元。

农博士：确实不错，果实是怎么个烂法？被鸟啄了，还是像得病了？

种植户：它是得病了，每次打药问一下卖药的人，该打什么药。自己一窍不通，一点都不懂，也没有人手，所以说就放弃培育了。

农博士：有件事需要您注意，包括其他果树，今年得病了，明年还容易得这个病。所以我们一般采取的措施就是今年把得病的树都收集起来，从园里清出去，相当于没有传染源了。来年的时候，园里就会干净一些。这个时候再提前用打药等一些措施来预防它今年再得病。

农博士：修剪您现在做吗？

种植户：做，每年不管剪得好坏，反正也做。

农博士：剪下来的东西您都怎么处理了？

种植户：剪下来的东西就搁在那一犄角上了，完了以后就是留着烧炕。

农博士：留到第二年了吗？

种植户：应该也留到第二年了吧！

农博士：最好把它清理出去。

桃树坐果难怎么解决

种植户： 家里的桃树坐果不好，掉了很多，该怎么办呢？

农博士： 导致果树坐果率低的原因有很多，比如说花期授粉的问题、病虫害的问题及花期果期管理的问题。您家是什么时候开始落的？

种植户： 好像在六月中旬吧。

农博士： 那就是硬核期左右开始落果。

种植户： 对。

农博士： 落果原因有很多种。首先是营养问题，可能营养不平衡，长得不好，或者留果过多或者过少，都会导致它落果。如果留了太多就使树枝抢养分，如果树枝剪得太狠了，留的太少就可能营养不足。不知道您家修剪做得怎么样啊？

种植户： 今年这种情况在我们村很普遍，往年没有这种现象。

农博士： 今年修剪情况和往年差不多是吧？

种植户： 对。

农博士： 可能跟自然环境有关。今年夏天的高温天气可能会导致它长不好，缺水，高温和缺水的情况下，长得不好容易落果。如果连续几天高温突然下小雨也不好，容易导致根系受到损害，就是呼吸不好也可能导致落果。如果您村里都普遍长得不好，原因可能比较复杂，不过也有另外一种可能，就是今年病虫害多吗？有没有打农药啊？

种植户：打了。

农博士：农药也容易导致落果，如果是针对某种病虫害，要有针对性地施药，不要几种药品混合用，而且用药频率别太高，最好就是一种农药和第二种农药间隔大概十天以上时间，用多了或者交叉用间隔太近，容易产生药害，可能导致落果，而且有可能会加剧落果。

种植户：我打农药是单打的，打了两种，一种农药、一种杀菌的。

农博士：如果是单打的话，两个间隔距离稍微长一点，最好十到十五天。

种植户：我们是半个月一次。

农博士：那应该还可以，今年落果较普遍的话，应该是高温或者是水分不足导致的。

种植户：这种情况倒有可能，因为我们村今年普遍都有这种现象。

如何解决山楂果实发黄

种植户：我种红果树也就是山楂树已经十年时间了，果园里有400多棵果树，今年结得果子不红，颜色是黄色的，绿屁股，而且还小，这是因为缺少微量元素吗？

农博士：最可能的原因是果实的含糖量不足、光照不足以及成熟期的温度偏高。第一，要通过疏花疏果，防止果树徒长，适当地减少中后期氮肥施用量，在冬季进行环剥，主要还是为了增强树势。

种植户：刚才说的环剥怎么剥啊？

农博士：环剥就是从这个树的基部，就是靠近地面那个部分往上，大概就是50厘米范围之内进行一个环剥，环剥不要剥到韧皮部，就是不要把树皮全剥掉，只是剥一个浅层，避免养分往根部输送，让上部的果实能够积累更多的糖分。

种植户：对。

农博士：第二要合理地剪枝，除去过密的枝条。在这儿我给你提点小建议，在快成熟的时期，可以在树底下铺上白色的地膜，利用反光、反射光把阳光充分利用起来，这样山楂果的表面可以着色均匀一些。

种植户：谢果之前打一遍乙烯利，说这是为了让果子红，有必要吗？

农博士：这就是我跟您说的第三个方面了。在山楂树的增长后期，

可以利用植物生长调节剂，比如说赤霉素，赤霉素不仅能够提高山楂果的坐果率，还能提高果实大小和重量，而且能够使果实着色提早十天以上。

乙烯利也可以的，同样可以增加色泽。最后还有一点要特别提醒您注意的是，刚才介绍了赤霉素和乙烯利，使用时一定要掌握好浓度，也就是用量，避免产生药害。另外在施肥上不要偏施氮肥，特别是中后期不要施用太多的氮肥。可以适当地增加施用钾肥，这样有利于山楂的着色。

种植户：家里有几百棵的山楂树，今年从结果量上来看，挺正常的，但是果子有一半是半边发黄的，果色不太好，想请教一下农博士，这是怎么回事啊？

农博士：您之前山楂树经过套袋吗，就是没有套袋是吧？

种植户：还没有啊。

农博士：果实膨大期打膨大素没有？

种植户：没打。

农博士：那根据您前期给我们提供的症状描述，我们初步分析您家里山楂果半边发黄的主要原因可能有三点，第一点，就是果实的含糖量不足，因为山楂表面的颜色变化，主要是根据山楂内部含糖量的变化，而引起变色过程。这个过程主要受含糖量的影响，含糖量受温差的影响，主要是八月中后旬的时候，如果昼夜温差不是很大，糖分的转化就会受到影响，糖会变成红色的色素。

那第二点的话，可能是光照原因造成的，光照它一方面能够促进咱家山楂树进行光合作用，另一方面光照还能够促进糖分的转化，转化成红色的色素。通过气象资料我们了解到，在咱们北京通州地区，九月份到十月中旬天气晴好的日子比较少，大多数都是阴雨、多云甚至雾霾天，您家的果树有剪枝吗？

种植户：没怎么剪。

农博士：没剪的话，那可能就是天气只是一方面，再一个就是树势长得比较密，通风透光不好，着色也会受到影响。第三点的话，就是快到成熟的时候，就是十一长假前后，这段时间气温比同期可能偏高，今年北方地区普遍温度稍微高一些，温度高对着色也会有影响。

种植户：今年的山楂树已经是这样了，还有没有其他的办法来改善，明年我们又该怎么来预防着色不均匀的问题。

农博士：一句话就是说最好是前期能够进行一些修剪稳定树势，防止到后期养分供给不足，果实含糖量少，使转化成色素的过程受到影响，主要是前期疏花疏果，增强树势，那么在冬天和夏天可以适当地进行剪枝，主要是把过密的枝条，就是把徒长的枝条给剪掉，保证透光条件使表面着色均匀，在这给您提个小建议，您是平地种植还是山地种植？

种植户：平地。

农博士：就是说果到后期快成熟的时候，可以在地表贴上一层反光膜，如果阳光不好的话，可以把阳光充分利用起来，反光膜可以照到果子上，让果子着色更均匀一些。往年都没有套袋习惯，是吧？

种植户：没有啊。

农博士：不套袋的话，不用考虑，如果套袋的话，到后期袋要及时摘除，因为果实表面成红色，主要还是靠吸收阳光，如果一直套着袋，可能就会受到影响，

第三，到后期了，如果着色晚，天气状况可以，但是还是不着色，或是着色晚，这时候可以适当喷施一些生长调节剂，比如赤霉素，它不仅能够提高山楂的坐果率，还能够提高果实大小、重量，关键是它对着色非常有利，或者用乙烯利也可以，能增加色泽。

种植户：谢谢您。

农博士：不客气。

深松整地的好处

本期我们邀请到隋鹏教授。隋鹏，中国农业大学农学与生物技术学院农学系教授，博士生导师，主要从事生态农业、节水高效种植制度研究，发表文章30余篇，《农业生态学》副主编，参编《中国保护性耕作制》等著作5部。

主持人： 隋教授，你好，深松整地能给耕作带来什么好处，为什么会有这些好处，您能不能介绍一下？

农博士： 深松耕呢，是以我国新研制的无臂犁、深松犁、倒九铲等对土壤的耕程进行全面的或者是间隔式的深松，但是不翻转土壤的一种耕作方式。与我们传统的悬耕、翻耕截然相反，它的特点就是耕程可以达到25～30厘米，最深的可以达到50厘米这样的深度。在美国、俄罗斯已经很广泛地应用了。它的好处，我概括了几点。第一，就是通过深松提高了土壤蓄水保墒的能力，因为深松的深度在30厘米以上，能够打破老百姓说的犁底层的硬土的层次。降水或者是灌水的水分能够向土壤的深层渗透，保持在30～50厘米的疏松的土层内。第二，就是通过深松以后，深层的土壤空气的含量增加，温度能够有效地得到提高，比起没有深松的土壤有利于土壤内部养分的转化和利用。第三，深松与翻耕的不同点在于下层的土壤并不翻上来，那么土壤深层的有机质不会因为日晒风吹很快的分解。这对土壤的物理结构有非常好的保持作用。第四，就是因为土壤的物理化学性质上的变化，通过研究已经发现深松对于土壤、作物根系的发育，有一个非常良好的促进作用，无论是根系的下达深度、还是深层根系的量，都得到了明显的提高。我想这也是东北深松的玉米倒伏比较少的一个主要原因。还有一个就是深松对于华北、东北的部分盐碱地而言，由于它不会将深层的盐碱搬到土壤上面来，对于土壤盐碱度的降低有很好的作用。

主持人：好的，像您刚才介绍了那么多好处，也介绍了这些好处的原因，我想农民朋友们肯定也是迫不及待地想采取这个深松整地的办法来提高种植的效率了。那么农民朋友在进行深松整地作业的环节要注意哪些问题，怎么样整才能把它整好，您能不能给我们说说这个问题呢？

农博士：这个问题可能相对复杂一点，涉及不同的地区。在东北现在有两种深松的方式。一个是秋季整地、深松，然后平整土地、齐垄，这个相对来讲传统一点。现在正在发展的一个方式是在雨季进行深松，这个深松问题可能会相对多一点。在雨季的时候要注意时间节点的选择，一般在玉米的小喇叭期前后，要注意当时降水的情况。如果在降水以后深松，可能容易造成跑墒。但是如果深松以后长时间没降水，对于作物的生长和土壤的水分保持也是不利的。深松以后，短时间内能够有一定的降水，从而达到保墒的效果。在深松时，因为是在苗期深松，所以对玉米的种植方式要有一个合理的选择。比如说通常采用宽行进行深松。这样会减少对苗的伤害以及对根系的伤害。在华北地区的深松一般发生在播种前，小麦播种前或者是玉米播种前，对苗的影响很小。但是因为采用了这种播前的深松容易造成土地平整度差，即土地表面的一种波浪式的起伏状况，要配合旋耕，或者是镇压将土地进行平整。

主持人：东北华北等地秋收在即，秋整地也是一个重要的环节，这时候要把握哪些原则，要做好哪些工作才能让地力恢复得更快呢？华北地区如何让地力保持？

农博士：对于东北地区的深松，由于有一大部分是在秋整地的时候进行深松，而不是在苗期，因此东北的深松问题就可以说是秋整地问题。对于秋整地的原则，我看了一个材料，它归纳为："适""深""平""齐""净""透""实"。这七字经很好地概括了一个秋整地的原则。"适"，就是适时，根据土壤里面的水分情况，宜早不宜迟，但是也要结合土地水分情况。"深"，就是深度适宜，特别是东北地区的黑土层的厚度。如果是黑土层比较薄的话，那也不宜深耕，把深层的贫瘠的土壤带上来，这也是不利的。"平"，这个老百姓肯定是很熟悉了。"齐"，就是平整以后要打垄，地头、地中都要一致。"净"，就是盘茬（东北春玉米的盘茬）土壤里面要少见，把它灭茬后翻耕到土壤的内部。"透"，就是尽量地要少露根、少露把，露根、露把在我们大面积耕作里面还是经常会遇到的。"实"，就是通过坝壁，使土壤达到上稀下实，有利于保持土壤的水分。对于华北地区，我也简单地概括了下。"还""匀""适""深""平""时""压"，也是一个七字经。"还"，简单来说就是提倡秸秆还田，因为我们现在有机质越来越少了。"匀"，就是保证秸秆还田的质量，必须要均匀地分布在土壤的耕层中。"适"，也是适时，一定要适时耕翻，这个很关键。早了土壤太湿，形成一种泥疙瘩，土壤就不可能再平整了，按也按不了。"平"，就是要平整，土壤耕作精细，然后平整，这是保证播种的一个最关键的环节，"时"，要时间服从于质量，宁可要晚一点都没关系。"压"，就是华北地区的一个特殊情况，实际上它是叫播后镇压，从而保证土壤与种子紧密结合。我想到的大概就这么多了。

主持人：好的，谢谢您。

林药间作的作用

本期农博士是来自中国农业大学农学与生物技术学院种子科学系的董学会老师。林药间作好处多，经济林木和中药材如何搭配，间作了中药材能不能减轻林木的病虫害？董学会老师来为您解答。

主持人：退耕还林区的农民朋友们有这样的经验，想在这种土地上获得收益，除了种植经济林木之外，还有一种方法叫做果药间作或者是林药间作，这种栽培方式不仅不会影响经济林木的生长，同时还能收获中草药，获得更高的经济收益。那经济林木和中草药如何搭配？间作了中药材能不能够减轻林木的病虫害？林和药通常都是怎样来搭配种植？种了药真的能够降低林木的病害吗？今天我们就要连线中国农业大学的董学会老师，请他来为大家做一个详细的介绍。

主持人：有一个疑问，间作的中草药，是种在树上，长在树上或者是栽培在地上，还是通过其他一些方式？咱们种出来的药材大部分其实都长在地上，极少数会有一些寄生植物，像这样的话中草药会不会和经济林木争抢地里边的养分？

农博士：一般不会，因为现在我们种的一些经济林像苹果、柑橘，它的根系分布在比较深的层次，如果搭配得好，会利用不同土层的养分，反而可以提高养分利用率。

主持人：那林木和药材应该怎么样来搭配呢？

农博士：一般来讲就是要根据林木和药材各自的生态需求来搭配，因为林有林的需求，药材有药材的需求，搭配的原则最好是取长补短。比如说苹果，在北方从东到西大概有七八个省份都在种，其实在当地都有一些适合的药材，比如山东的薄荷、辽宁的桔梗，还有一些我们平常所见的像柴胡、白术、射干、知母、黄芩这些都可以来搭配。在南方种橘子比较多，在四川可以间作元胡。元胡生长需要遮光，柑橘在生长期间给它遮光，另外元胡也能散发特殊的物质，可以减少病虫害的发生。这一块是互补的作用。另外比如像菊花、天麻、金荞麦等，还有现在栽培石蒜、半夏、黄连等，都可以和柑橘间作。

主持人：经济林木和中草药材搭配种植，其实相对来说是不是需要有一个具体的规划。比如说我这块地是以林为主，还是以药为主，或者说以药为主的情况下，林应该怎么搭配？以林为主的情况下，药应该怎么样来搭配种植？

农博士：在间作的时候，最好是有规划。一般情况下，还是以林为主，在林木种植一定的密度和种植方式的基础上，来规划种植药材。

规划种植药材的时候，因为一个果园有一个幼熟期和一个成熟期，就是大树和小树空间不一样，所以营养条件和光照条件也不同，应该考虑根据这些因素，选择适合种植的一些中草药。比如说早期光照比较好，那么就是可以选择一些对光照需求比较大的药材，另外还有温度、水分、土壤可能都会有一些差别，一般应当根据这种先天的需要来分阶段选择种植药材，然后总结一些当地适合的栽培技术。另外林药间作过程中会运用一些农药，应该注意药材上的限制。还有一个由于光照和土壤条件，其生长年限与大田栽培会有差异，应该根据质量要求，适当延长一下采收年限。

主持人：要想进行林药间作，就得选择合适栽培中药材的土壤条件。如果说没有合适的土壤，也是不能顺利地得到这种林药双收的效果的。那像咱们这个林药间作对土壤类型有什么要求吗？

农博士：林药间作肯定还是根据药材对土壤的吸收来决定。不同的药材对土壤的要求是不一样的，就像土壤的类型，土壤的肥力，水分状况等，都不一样。比如说根尖类的药材，要选土层比较厚的土壤；如果是叶类或者是花类的药材，就选择一些对这方面要求不是很严，但是不能太低水的土壤。

主持人：其实据我们了解，也不是说所有的这种种植林木的这些土壤条件都是适合间作中药材的，那想请您介绍一下什么样的林地可以来间作中药材？

农博士：一般来讲就是根据中药材生长需求，比如说对于水分的需求、土壤的需求等。

主持人：刚刚您也介绍了，像林药间作以林为主，以药为辅。这么一个种植的方式，在种植比例上来说有哪些要求？

农博士：种植比例一般来讲还是根据实际需求来搭配。

主持人：其实刚刚听了董老师做的相关介绍，听众朋友们也对林药间作有了一些基本的了解。那么接下来咱们继续来请董老师给咱们介绍林药间作当中的栽培技术。比如说农药和化肥的使用情况。中药材也是给人治病用的，有的中药材也具有一些驱虫的功效，那像林药间作情况下，能不能够降低这种病虫害对林木的威胁？

农博士：对于有些病虫害，这种林药间作是可以有这种作用的。比如我们上面讲的元胡，基本都有这样的一个功效。所以这样就可以合理地间作，可以减少农药的投入。

主持人：但是实际上来说，您刚才也是只提到了说减少农药的使用，还是需要使用一些农药来防病治虫的，那在使用农药的时候咱们需要注意哪些问题呢？

农博士：一般果树栽培，空间需要还是比较大的，在选用农药的方面，应该注意考虑到中药材的要求，选择一些低残留，或者是低度的农药。

主持人：说完了"药"之后再来说说这个"肥"的问题。间作之后给林木施肥相对来说应该有一些变化，那这个变化应该怎样来操作呢？

农博士：一般来讲，果树施肥基本都是基肥为主，粪肥为辅。药材上一般来讲也是这样的，还是以基肥为主，适当搭一些生产期间配的无机肥料，或者是叶面肥。这个主要根据药材的种类来确定。

主持人：现在国家有很大一部分退耕还林的地区正在推行林药间作、果药间作的技术，这项技术也会被越来越多的农民朋友接受。因为这个确实有一定的好处，能够带来更高的经济收益。想听听您对听众朋友们，尤其是身处退耕还林地区的农民朋友们提供一些意见。

农博士：林药间作确实是地方政府推行的一项技术，尤其是在我国很多资源非常丰富的山区。现在很多地方确实发现了一些问题。首先一定要根据当地药材生长的条件，选择药材，就是本土生产的药材，这样也能保证它的质量，也能减少出现由于气候的原因所造成的损失。第二，就是一定要注意在农药使用上，跟大田作物一样，注意用药成分不合格的现象。第三，由于很多地方，以前没有种过中药材，第一次种，要让老百姓自己试种一下，不要一次发展很大面积，以免出现生产滞销的问题。

主持人：我觉得您最后一条建议非常重要。就是间作形式中咱们可以小面积地先尝试一下，如果说可以，那咱们就可以大面积来推广。如果不行的话，咱们可以再换别的中草药材，或者说就干脆放弃这种方式，采用一些其他的比如说更多的那种能够和林木搭配种植的一些作物，来使这个林木的经济效益能够发挥得更好。谢谢董老师！

严寒之中猪的饲喂管理注意事项

本期邀请到王凤来教授介绍怎样才能让猪群健康过冬，实现养殖户的增收。王凤来，中国农业大学动物营养与饲料科学系教授，研究方向为生猪营养与管理，长期工作在养殖一线，为养猪业主提供知识和技术指导。

主持人：降温温差大的时期，生猪饲养管理需要特别的精心，这一时期饲喂量应该怎么样来确定？饲料管理要粗精搭配，冬季跟平时有什么不同吗？

农博士：这个问题确实需要养猪业主高度重视，养猪的效率取决于种猪群和子猪群的饲养管理，其目的就是要高效地培育仔猪，种猪群养得好坏，和仔猪群断奶以后的成活率高低直接关系到养猪户的经济效益。通常提到的粗精搭配，是一种普通的提法，真正在养殖行业，如果提到粗饲料精饲料的时候是对牛和羊来讲的。对猪而言，就是一个全价的配合饲料。因为养猪用的饲料都是一个全价的配合饲料，就是猪直接吃的都是全价配的饲料，都是依据饲料配方选择质量安全有保证的饲料原料，通过专用的设备来配置。首先要保证猪采食饲料的全价配合饲料的质量和安全。第二条还要适当增加采食量，大家知道猪跟人一样都是哺乳动物，天冷的时候它要有一部分能量来抵御寒冷的天气。在这种情况下，一定要增加种猪群特别是母猪的采食量，包括妊娠母猪和哺乳母猪，要增加它们的采食量。通常情况下，比如说平常妊娠母猪喂2千克，天冷的时候建议大家喂到2.25或者2.5千克。

哺乳母猪就尽量采食的多，可以采取增加饲喂次数的方式增加采食量，因为哺乳母猪要给仔猪去喂奶，所以要增加它的采食量，一天原来喂三次可改成喂四次，采食量就增加了。

主持人：喂水的时候要注意哪些问题呢？

农博士：关于饮水，特别是饮水的温度，会影响仔猪的健康，要提高仔猪的成活率，除了提供有保暖设备的猪舍条件以外，在饮水方面建议要喂温水，包括哺乳母猪，不要喂带冰碴的水。

主持人：什么是后备母猪？请您普及一下。

农博士：通常情况下后备母猪指的就是猪场都有一个种猪群，叫能繁母猪群，每年都是在提供培育仔猪的，这个族群需要更新到30%以上，这样老的母猪淘汰以后新的母猪就要补给上来，这些新补给的年轻母猪呢就是后备母猪。但是一定要注意，为了保证后备母猪在进入繁殖中心后的繁殖寿命周期和仔猪的培育效率，一定要从青年母猪开始要好好的培育，要经过选择来培育，不能从通常育肥猪舍的母猪里面来挑选。第二点，因为后备母猪需要种猪培育，需要好的繁殖性能，注意四肢的健壮和发育情况，还要特别注意乳头的发育，乳头排列要均匀，乳头数量应该在至少7对以上，这样才能保证它后期高效培育健康仔猪。还要提示一点，就是后备母猪一定要从原种场或者是父母代的种猪厂去购买，买的时候要买60千克体重以上的，不能买太小的，这样容易看出来自身的发育、健康状况、繁殖机能优异的一些基本特征。买来以后要隔离一段时间，在猪场一定要隔离一个月以上来观察检测它的健康状况。

主持人：其实做好保温管好饲料，还要控制好疫病，低温高湿环境容易诱发猪呼吸道疾病以及胃肠道疾病，还有各种皮肤病，也提醒养猪户做好预防。在此感谢王凤来教授。

草木灰利弊

本期邀请到李彦明老师。李彦明，中国农业大学环境科学与工程系教师，主要研究领域为废弃物处理与资源化、社区废弃物管理与有机循环、有机废物处理产物增值化。曾作为主要参加人获全国农牧渔业丰收奖、神农中华农业科技奖等。

主持人：草木灰有利有弊，那现在我们到底该不该利用草木灰？

农博士：草木灰严格地讲是一种很好的肥料，但是什么东西多了都有害处。比如草木灰1亩地用100千克，没有问题，但用1吨可能就有问题了。另外，草木灰严格讲的话不能替代有机肥，因为里面99%以上的东西都是无机的，比如碳酸盐类的氧化物，像碳酸钾、碳酸钙、碳酸镁等都在里边。

主持人：农民现在如果想得到草木灰，一种最简单的方式就是焚烧秸秆，这是非常不好的一种现象，肯定会造成一定的污染，这就是弊端了。现在一些工厂会集中焚烧获取草木灰，这样一种工厂化的大型运作方式是不是会对环境比较好呢？

农博士：要获得草木灰的话，像大田里乱烧秸秆，烧完以后就是为了获得草木灰，这个是不赞成的，环保部也好，农业农村部也好，都是严格禁止的。

对于像秸秆发电厂，利用比如秸秆或者玉米秆燃烧的话，这个厂子一年只能处理六七万吨这种秸秆。每天大概就是1吨秸秆剩下了有

5%左右的回粉，还是非常高的。主要目的是为了发电，然后它的下脚料是草木灰。就像煤没有烧完以后有煤渣，这个渣的话好坏就看怎么用，比如说做成水泥就是好的，扔到环境里就是坏的。

主持人： 在用草木灰的过程中如何做到趋利避害，怎么样能够把草木灰的优势发挥到最大化？

农博士： 草木灰本身主要是碳酸钙、碳酸钾、碳酸镁这几种材料，这里的钾肥有不同来源，基本上在10%左右，如果合理运用的话可以替代化工厂的肥料。在古代，草木灰是非常好的钾肥。但是草木灰也有害处，这个害处就是不完全燃烧的话里边会有杂草，因为种子的燃烧需要时间比较长，秸秆烧的时间比较短，这样就会有种子掉到灰里面去。严格意义上来讲，我个人认为草木灰是个好东西，没有坏处，就是看使用的对不对的问题。

主持人： 冬天该如何来发挥草木灰对温室大棚的作用呢？

农博士： 草木灰是碱性的，对于温室大棚来讲，用的肥料比较多，尤其像氮肥用量可以达到每公顷800千克氮，如果草木灰用得多的话，化肥里的铵就会挥发掉，因为草木灰是碱性的，它俩会发生化学反应。在冬天用草木灰的话，不要超过这个钾的推荐量，这样不会对氮肥有影响。草木灰的害处就是用量高了就会造成氨气挥发，比如像液态氮、硫酸铵、磷酸铵、尿素。

主持人： 1亩土地施用多少草木灰？

农博士： 一般情况下现在北京的大棚，小一点的棚在八分到一亩地大小，像山东的话有的棚已经做到两亩一个大棚，按照这种比例来讲，一亩地能够控制在100千克以下，就不会有问题。

主持人： 非常感谢李彦明老师精彩的解读。

农机具的冬季保养

本期邀请到李问盈教授来讲述农机具冬季如何保养。李问盈，中国农业大学工学院农业工程系博士生导师，主要从事农业机械化生产技术与装备的教学与研究工作，曾出版《小型拖拉机机手自学读本》《小型柴油机使用与维修》《保护性耕作技术》等著作，为农民学习和了解常用农机具的使用与维修技术提供了渠道。

主持人：气温低时，一些开柴油车或者是有农机具的农民可能感觉到起车难，这主要是因为在冬季柴油太容易凝结，请问零号柴油的凝固点是多少摄氏度？

农博士：零号柴油的凝固点就是零度，我们所谓的柴油的排号就是按照它的凝固点来划分的，但是还有一个需要特别提醒的就是零号柴油到了零度以后肯定是不能用了，正常使用温度的要求应该是高于凝固点6℃左右，6℃以上的地方可以使用零号柴油。

主持人：冬天农机具保养重点是拖拉机保养，这一工作的重点是来保养油箱吗？

农博士：是的，油箱是拖拉机非常重要的一个储油部件，它的保养或者说使用非常重要，如果柴油在冬天使用的时候温度降低，黏度会变大，流动性会变差。黏度变大以后会导致启动的时候比较困难，所以要求油的流动性要好，因此要按照规定使用适合当地气温的柴油。

除了柴油以外，还有机油、齿轮油，如果黏度变大的话，阻力也会变大，也会影响拖拉机的使用，所以像这一类油在冬季使用的时候也需要进行一些技术上的措施。

主持人：保养车是不是不管是农机具还是城市当中的私家车，必须先做一个全面的检查，包括很多方面比如说油箱、发动机、油管、轮胎、车门车窗等，都是需要保养的？

农博士：这个是肯定的，但实际上如果保养汽车的知识比较丰富或者是比较完整的话是没有问题的，因为上面说基本上是每天都在使用。操作的过程里就得按照自己的理解，比如说听听声音，看看各部位，螺丝螺母有没有松的地方，油管油箱有没有漏的地方等。

主持人：一般来说冬天都是农闲的时候，有很多人觉得冬天设备也不用，没什么好保养的，这个你认同吗？

农博士：不是，冬季农机是不作业的，尤其像拖拉机这类的必须有一个技术保管，而这个保管很多人不是太重视，有很多机器并不是在使用中被用坏了，有可能是被放坏了。冬天拖拉机好长时间不用，一个是各个运动件没有润滑油保养，所以容易腐烂、腐蚀。另外一个是有一些橡胶件容易老化或者是被太阳热晒、雨淋，所以特别重要的就是，在不用保管起来的时候，一个是把进气管、排气管等堵上，不让别的气进去，再一个就是定期可以摇一下车，让车启动一下，这样的话可以使润滑油进入到相应的部位；还有一个像轮胎，轮胎的话可以给它充气，压力更高一点，然后定期更换接地的部位，不让一个部位老在地上走着，或者是把它支起来。另外还有一个非常重要的也是大家可能做起来比较难的就是蓄电池，蓄电池必须要非常尽心尽力的保养，否则到第二年再想用的时候可能就用不了了。

主持人：车门车窗是不是也需要介绍一下？

农博士： 冬季容易损坏的还有一个问题就是人为因素造成的，人为因素比如说随便拆一些零件，车门不关紧，被大风刮等。所以冬天的时候最好是用苦布把它盖起来，或者是锁好车门，把刚才说的蓄电池、轮胎之类的该保养的保养好。

主持人： 很多朋友在冬天气温比较低的时候使用农机具时都会用到防冻液，拖拉机是烧柴油的能用防冻液吗？

农博士： 可以的，防冻液的目的就是在零度以下也不会结冰，但是拖拉机用防冻液的相对来讲比较少，主要就是用自来水作为防冻液，所以冬天如果是要用的话，必须要注意每天拖拉机用完以后一定要把冷却水放掉，第二天的时候再给里面加水，这个时候可以加热水，甚至可以拿开水去冲机器，这样的话可以提高机器的温度，有利于启动，油箱机体都可以冲，就是冲外表，主要就是外在的机器温度比较低，油的流动性或者物化性能都比较差，所以温度高了，油的流动性就比较好，不影响它的使用。

主持人：除了大型农机具之外，比如说拖拉机和大型联合收割机之外，还有在收获收割的时候或者播种的时候会用的小型农机具，这些农机具应该用一种什么样的态度来养护呢？

农博士：主要是完了以后应该注意保养，比如上面有一些弹簧弹性压力的，应该把弹簧的压力释放了，不让它总受压力，还有一些入土的部件，比如划式犁的犁器或者是旋耕刀或者是其他的一些开沟器，它容易在冬天或者是不用的时候被雨水润塞的情况下腐蚀生锈，可以给上面抹一层废旧的机油或者是齿轮油都可以来防止它生锈。另外还有一点尤其要注意的比如像播种机，有好多人用完以后不会把筒箱、肥箱清理干净，这里剩余的一些种子，尤其是化肥，对整个机器的腐蚀作用非常强，第二年机器可能就不能用了。平时农闲的时候清理这些不用了的小型农机具需要非常仔细，把农机具当中可能会残留的一些比如草根或者土壤种子残渣清理干净。

主持人：在冬季农闲的时候保养农机具尤为重要，使用农机具或者家里有农机具的朋友们一定要注意这个问题。再次感谢李问盈教授。

牛肉品质与肉牛养殖

本期邀请到曹兵海教授为我们讲解牛肉品质。曹兵海，中国农业大学教授，国家肉牛牦牛产业技术体系首席科学家，曾留学日本，主要研究日本和牛的饲养与牛肉品质。期间参与经营牧场多年，回国后继续研究肉牛营养与牛肉品质，在他的努力下2006年雪花牛肉在国内实现了产业化生产。

主持人：樱桃红颜色的牛肉被认为是最佳的肉色，这种颜色的牛肉质量怎么样呢？

农博士：这种牛肉的商品价值非常高，之所以高就是看着好看，非常上眼非常上口。那么它为什么这么好呢？其实牛活着的时候肌肉的颜色是灰紫色，因为这个肉里面含有一定的氧，屠宰了之后变成紫色了，变成紫色就是因为肉里血液有一定的铁的成分，平常我们补铁就是这个铁，氧少了铁相对的就多了。但是肉的颜色在营养价值上都是一样的，商品价值是完全不一样的。紫色肉的价格在中高档肉市场上就差一大截。要想把这个变成桃红色怎么办呢？就是要在育肥期的中后期开始，在饲料当中减少一定量的铁，但是又不影响牛的健康。在育肥期中后期的这些青绿饲料中，因为里面含有 β 胡萝卜素、叶黄素比较多，这个实际上就是维生素的前驱体，就是变成维生素之前的一种物质。这样的青绿饲料要少喂甚至是不放。这样的话，它就固定不了那么多的铁成分。

主持人：如果平时在市场上见到了这种深红色的牛肉是说明不新

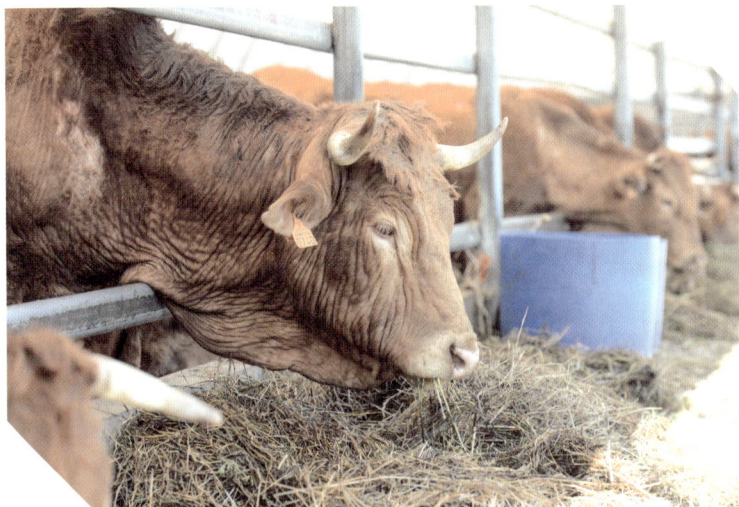

鲜，还是说明有另外的原因呢？

农博士：这是一种非常新鲜的牛肉，这个颜色就是新鲜的。但是作为商品价值来说，如果就按刚才说的那样的饲养方法来喂的话，这个肉生产出来的就比较浅，不那么紫。这样的话到了超市到了市场上它的价格自然就会不一样。营养上来说它是没有区别的，但是作为商品价值的区别很大。因为肉里面是含有脂肪的，这样的话只有桃红色跟脂肪的那种乳白色配到一块儿的时候，肉的品相也就好看，因为在商品价值上，眼球是辨别让顾客掏钱想吃不想吃的第一要素，味道、气味、口感只有做熟才有的，所以饲养上注意用饲料调节肉的颜色，这是提高牛肉价值能不能赚钱的第一要素。

主持人：怎么卖才能使得高档牛肉真的能够卖上高价呢？

农博士：这个有一个很好的办法，首先农户没有杀牛这样的技术，也没有那么大的投资怎么办？农户就要组织起来，实际上是成立合作社，现在合作社很多，但是并不是都赚钱的，原因在于：第一，他们手里的牛的品种没有选对，第二，他们没有组织起来，品种选对了肯定生出来的牛会卖的价格比较高。为什么要组织起来呢？一个简单的道理，如果他们派一辆车来拉牛，就你们家养了一头母牛生了一头小牛他就不值得来一趟，而且价格也不一定给高价。他这一趟一个大车拉一头牛很不值。不管多少户，你们够100头母牛，那么生下来的小牛他就够一辆车拉，100头母牛里假如生100头小牛，小牛里的公母各半，那农民留下母牛，拉的是50头小公牛。这样的话企业就可以一趟车就拉走了，它的成本是低的，相对来讲价格就高了。实实在在的说，这样组织起来的话，你不用找这些预备场屠宰场，他自己会找上门来。

主持人：平时农户也想养殖生产雪花牛肉的牛，那我们能不能生产呢？有什么技术要求吗？

农博士：假如说资金没问题的话呢，农户完全是可以生产的。育肥好的这样的牛，今年的价格是一头3.5万元，一头牛的纯效益应该在1.5万到1.7万元，一头牛就可以挣这么多。但是有好多农民不具备这样的技术，所以建议养母牛，这样的话养母牛吃的量跟平常的母牛是一样多，饲养管理上不用费任何功夫，只要把牛的品种改一下。这个品种，一个是母牛自身是什么品种；另一个是牛配种的时候用什么样品种的公牛的精液？把这个选好，那下面一切跟平常一样。

主持人：现在一家一院的养殖方式是很难提高高档牛肉的市场效益的，刚才曹老师也说了建议养殖户要抱团，第一是要选对品种，第二是最好要成立专业的高档牛肉的生产合作社或者依靠加工企业来统一加工销售形成合力，这样不仅能够提高牛肉的品质还能够提高牛肉的市场价格，进而提高养殖户的收入。非常感谢来自中国农业大学的曹兵海教授。

高档肉牛的品种及牛肉特点

本期邀请到曹兵海教授为我们讲解雪花牛肉。

主持人： 养殖高档的肉牛品种有什么特殊的吗？

农博士： 如果生产雪花牛肉的话，首先要求这个品种比较早熟，早熟就是不要总也长不完，基本上长到650千克也就算长好了，增长就停下来了。早熟之后脂肪才能进到肌肉里面去。

主持人： 第一个是品种有讲究，那第二个呢？养殖出产雪花牛肉这种牛的饲料是不是挺特殊的？

农博士： 饲料在原料上不特殊，在我国都可以就地取材。跟一般的牛饲养上有一个不同的地方，一般的牛是让它尽快地长大，越快越好，雪花牛肉并不是，真正的雪花牛的小牛阶段不要让牛长太胖，反过来说要把骨骼基础打好。有一个强健的骨骼到后期骨骼能够支撑起来身躯，不腿疼不闹病，这时候肉才能长好，这是跟一般牛管理上区别非常大的。在饲料上应该是有啥吃啥，这个跟一般牛的饲料没什么区别。我们国内的一些企业误导了消费者，其实在日本，喝啤酒，听音乐，按摩，甚至给牛做按摩，给它弹琴，这个是在牛比赛的时候，牛主人打出一种阵势来，可到了我们国内就被一些企业打擦边球了。研究数据也表明轻音乐、对牛弹琴或者是喝啤酒没有任何效果。

主持人： 大概每头牛生产的雪花牛肉量在一头牛身上大概占多大的比例？

农博士：假如650千克或者700千克这么一头牛长成的话，能卖上这种价格最高应该是15%，就按700千克的话里边应该有百十来千克。这样的好肉应该非常贵。15%已经卖的价钱很贵了，目前平均出库价格应该在900～1 000元。

主持人：雪花牛肉营养价值高，比普通的牛肉好吃得多，是这样吗？

农博士：经过研究，这是有根据的。要长成雪花牛肉必须要经过一个特殊的资源管理过程，这样积累的脂肪里这些脂肪酸在一般牛身上含量很少。可是经过资源管理之后它的含量就非常高了，甚至在一般的牛身上没有的，例如跟深海鱼油一样的，也就是对清理心脑血管有好处的一些脂肪酸，在雪花牛肉里也都含有，而且含量也很高，这个口感也确实是非常好。

主持人：除了这些之外还有哪些比较优势的特色呢？

农博士：另外一个特色就是对小孩及老人都有健身的作用，不只是说有营养，只要是肉都是有营养的，雪花牛肉有一种保健作用。所以说贵也贵在这，包括骨头、牛掌，还具有药用价值。

主持人：肉牛平时要养到哪个阶段挣钱最多？

农博士：建议农民养母牛就行了。养母牛就跟平常养牛是一样的，建议农民朋友要组织起来，通俗的说能够让公司一车一车拉走，只要到了这个规模，那么实际上一头小牛多挣2 000元易如反掌。

主持人：刚才曹兵海教授已经解释了物以稀为贵这是第一点，第二个是营养价值比较高而且比普通牛好吃。看来给牛听音乐还有喝红酒这些都是噱头，再次感谢来自中国农业大学的曹兵海教授，谢谢您。

生态农业助增收

本期邀请到中国农业大学生态科学与工程系教授李季老师讲一讲怎样发展生态农业才能够帮助农民来提高收入。李季教授是农业农村部有机食品认证咨询专家，现任中国农业大学资源与环境学院生态科学与工程系系主任，中美国际生态与可持续发展研究中心副主任等，长期从事有机废弃物处理及资源化利用，有机农业和生态农业等方面的研究开发工作。已出版著作12部，发表论文200多篇，获得省部级科技进步二等奖三项，申报和获得国家发明专利20项。

主持人： 发展生态农业会不会加大农业的生产成本？

农博士： 生态农业从构成从特点来看是一个劳动集约型农业形态，这样可能固定成本、固定投资会增加，劳力成本也会增加。但实际做的过程中，比如农药的使用、化肥的使用有可能会减少，总产出会增加，这样的话成本不一定增加，但是可能前期会投入一些成本，在运营过程中的成本会比较低，相对来说产出还是比较高的。前期本来是种粮，后来又增加了养猪，养猪肯定是前期要增加成本的，但是在经营的过程中成本要低，而且它的产出要比单一的要高。也就是说从后期来看，会比传统的种植模式或者养殖模式要好。因为生态一般是一种复合的形式，不是单一的，复合的肯定比单一的产出和效益要高。

主持人： 现在常见的生态农业的形式都有哪些？

农博士：生态农业就是一种复合型的农业，有多种复合的形式，比如把农业跟畜牧业结合起来叫农牧结合，或者农业跟林业结合，农业跟工业结合，包括在城市周围农业跟旅游业结合，这些复合的农业都可以放在生态农业的范畴里。

主持人：怎样来发展生态农业能够帮助农民提高收入，或者说为什么农民认为发展生态农业会加大农业的生产成本？

农博士：生态农业绝大部分情况下是在单位面积或者单位空间上增加了农业的内容的一种形式，这样产出增加了，效益也可以得到提高。因为农业现在已经进入到一个质量逐渐要高于数量的一个阶段。生态农业做的时候一定要突出产品的质量，要有特色、有好的质量，本身对环境也要是好的。现在这种产品逐步得到认可，大家都愿意买这种无公害的绿色有机产品，对于质量好的产品也愿意多付价钱，这种情况下是可以走这条路的。

主持人：有机农业能不能够算在生态农业当中的一种类型？

农博士：有机农业是一种比较高端的生态农业，现在大家主要关注的还是绿色的、有机的。

主持人：可以说发展生态农业是一举多得，既能保护环境又能增加收入，同时还能够满足可持续发展的理念。再次感谢李季教授。

农家乐如何发展

本期邀请到简小鹰教授介绍农家乐在接待游客的同时，是不是还需要来提高服务质量。简小鹰，中国农业大学发展管理系教授，主要从事农业农村发展和规划、有机农业与乡村旅游等方面的科研教学工作，长期担任联合国开发计划署、国际农业发展基金会等组织的项目咨询专家。已出版专著5部，在国内外学术刊物上发表论文近130篇。

主持人： 农家乐有几个选项，一是品尝农家菜，以吃为主；二是住农家院，以住为主；三是欣赏田园风光；四是干农活。这四个选项，您更偏向哪一个？

农博士： 根据不同的情况，有时间的话我希望在农村多住上两天，这样我能够更好地去体验农村的风光，也能感受农家乐的乐趣。如果没有时间的话我可能约上几个朋友，到农村一起品尝一下农家菜。我们还可以在农田里面和农民一起干点农活。这样的话能够更好地去体验农村的一种生产生活方式。

主持人： 发展这个农家乐休闲农业模式有没有一种制度规范呢？

农博士： 目前还没有。因为它是一种新兴的活动，按照现在来讲，城市消费者目前消费兴趣越来越多样化。这里面有两个方面的问题，第一个方面就是现在技术设施越来越发达了，到农村更方便了。以前大家可能有心情去体验一下农村生活，但是由于交通等各方面原因变得比较艰难，现在变得比较轻松。另外一种，生活水平提高以后，大

家的生活越来越向多样化的方向发展，尤其很多年轻人没有见过农村，一直在城市里面生长，对农村有一种向往，有一种体验的需求。在这种情况下，农村空间就逐渐对村里人具有越来越大的一种吸引力。城市的生活节奏越来越快，生活的压力越来越大，大家也希望寻找一个能够充分放松自己，能够感受更多的和城市生活不一样的一种体验。这也是大家都到农村去旅游，包括吃农家饭的一种动机。

主持人：农家乐的市场相对来说还是比较火爆的，尤其是长假期间，现在市场火爆是不是就应该更加注意提高农家乐的服务质量？

农博士：对，农家乐在新世纪以后，已经逐步得到了广大市民的一种青睐。初步发展阶段，大家到郊区主要是以农家饭这种形式为主。后来大家不仅仅满足于吃农家饭，更多的是在这过程中间发现了农村的生活方式实际是一种文化，大家逐渐对这种文化开始感兴趣。在这过程中更多的是一种人们的互相交流。比如城市人和农村人在互相探讨怎样是更好的一种生活方式。那这是进一步的发展，这种发展是逐渐从近郊向远郊的扩展。刚才提到四个选项里面就从吃农家饭开始，进一步大家要体验这种农村田园的自然风光。另外一种就是干农活，干农活更多地体验的是农村的一种生产方式，在这种情况下又加深了人们对自然的一种了解，尤其有很多成年人带着小孩到农村去，更多的是让小孩接触自然，接触农业的一些最基本的知识，包括我们所吃的东西都是从哪来的，怎么来的。让他们能够更加拓宽视野和知识面。对小孩的性格培养也都有一些非常积极的作用。

主持人：很多农民愿意去发展农家乐的模式，所以才使他们发展比较快。

农博士：首先这种火爆的场面是需求来推动的。先有需求，然后才有这种市场，农民原来不知道城里人的这种需求，以为简单的农产品供应就能够满足了。他们现在发现了一片新天地，城里人到农村直接进行这种产销对接，这里省去了很多中间的环节，那么农民在这里能够受益更多一些。另外在这过程中间，农民的身份产生了一种转变，因为原来是纯粹的农产品生产者，现在提供农家乐以后变成了一个服务者。城里餐馆那些内容现在搬到了田间，搬到了农民的炕头，在这个过程中农民发现里面有巨大的商机。包括城里人到了农家院以后会对所有看到的事情发生兴趣，这个也是原来农民没有想到的，包括养鸡鸭等，尤其对小孩的吸引力非常大。通过这种市场驱动以后农民渐渐认识到有更多发挥作用的空间。

主持人：感谢简小鹰教授。

村镇旅游模式如何建设

本期邀请到中国农业大学发展管理系教授简小鹰来阐述他对发展村镇旅游模式的建议。

主持人：大家对村镇旅游的印象好像是认为已经没有什么太多的意思了。

农博士：对，没有去过的时候大家兴致勃勃的，到实地看了以后感觉到非常失望。这就反映了一个问题，我们理想中的这种村镇旅游到底应该怎么发展？目前村镇旅游基本上停留在观光这个层面，大家走马观花去看一看，知道有多少年前的古建筑，然后有些什么样的布局等。但是从游客内心来讲并不简单地满足于走马观花，所以从旅游的发展方向来讲，做观光旅游是最基本的，进一步发展恐怕就需要向休闲和体验这两个层次。村镇旅游里包含文化，也包含着自然。所以它是把自然旅游和文化旅游能够有机地结合在一起。

主持人：村镇旅游从目前来说更追求的文化内涵应该是什么？或

者这种旅游模式的内涵应该是什么呢？

农博士： 这里反映了人们正在思考的一种新的文明，生态文明。从古村子里大家可能会更多地去感受这种村子里面人与自然的一种和谐，人与人的一种和谐，甚至包括人和自身的一种和谐。这种古村镇的延续，就是历史的这种延续，它可能在这方面留下丰富的遗产，引发人们更深刻的一种思考。在这个过程里，大家可能追求的更多的是这种古村镇都坐落在风景比较好的一些地区，尽管周围的生态可能因为历史久远遭到了一些破坏，但在这里更多的体现的就是当时人们的一种和自然交往的一种生产生活方式，也包括在历史的延续过程中间，人和人形成的一种和谐的关系，通过这种民风民俗而得到体现。

主持人： 村镇里居民彼此间的沟通变少是不是目前村镇旅游所带来的一些负面影响？

农博士： 对，这个是我们现在这种文化所带来的一种负面作用。它把人和人的各种关系通过某种有形的和无形的门把大家隔开了。现在旅游的发展过程中，如果很多情况下大家是带着我们这个时代的观点对村镇的旅游进行诠释，那么这个过程里尤其是大家把旅游更多地看作是一种产业的时候，就造成了过浓的经济利益追求，也造成了人和人之间为了利益在这过程中间的一种结合。这就是一些商业文化带来的负面影响。

主持人： 古村镇的开发是一个问题。现在这种同质化的古村镇太多就容易相似。古村镇这样是不是就已经没有意思了？

农博士： 这就反映了大家开发上面的一种定位。大家开发的更多的是古村镇外观的一种价值，而忽视了对古村镇遗留下来的内在价值更深度的挖掘。而且从策划上来讲，它缺乏一种有效的表现形式去把这种以人为载体的文化展示出来。做个表面文章很容易，但是涉及深层的东西，大家可能觉得做得还不够。所以这里面的核心问题就是我们怎么去挖掘这种文化的内涵，怎么把当地的文化和基因表达出来。在城镇旅游建设过程中间，我们正在探索怎么把当地人和游客作为开发的一种集体，而不是由政府或者由商业组织来对这里指导。

主持人：您在作为游客的时候是不是有一种融入当地的感受？

农博士：这个很难做到，因为这种观光性的旅游没有把游客的参与充分体现出来，我到过平遥，到那个当铺，或者衙门，你仅仅是看一眼。如果在这种情况下，我们能策划一种活动，让游客回到几百年前，或者更远的时代，我作为当时的一个居民怎么来参与到这个活动里面去，可能这样游客印象会更加深刻一些，或者更有乐趣一些。

主持人：感谢简小鹰老师，谢谢您。

农民在休闲农业中如何发挥优势

本期邀请到简小鹰教授来阐述怎样不断拓展休闲农业功能同时最终惠及农民。

主持人： 要想发展好休闲农业，您觉得最需要解决的问题是什么？明确概念统一行业标准、打造特色树立品牌意识、兼顾长远更多惠及农民这三个选项，您会怎么样来选择？

农博士： 让我来选择的话品牌更重要一些，其次就是长远发展的问题，把兼顾长远更多惠及农民放在最后一位。 因为实际上搞休闲农业就是为了农民，为了让农民能够增收。休闲农业提供的不仅仅是一种物质性的农产品，更多的是需要提供一种精神层面的或者文化层面的精神产品，休闲农业更多的是把这种物质的产品和精神的产品有效

地结合起来。从这个角度来看，很多农民不具备提供精神产品的这种能力，所以恐怕还需要花费很大的力气才能使更多的农民有效地进入到这个领域里。

主持人：怎样不断提升拓展休闲农业的功能，同时又能够达到最终惠及农民的效果？

农博士：从发展的路径来看我们可以采取两种途径，第一种就是怎样能够调动消费者对这方面的消费需求。这是休闲农业作为一种产业，发展壮大的一种根本的动力。另外一个方面就是怎样能够调动农民的积极性，怎么来培养农民的意识，增加他们的知识同时增加他们在这个过程里的操作能力。

主持人：其实我们现在看很多休闲农业的科技园区，包括生态园、观光园还有展览馆，更多的是农技工作者在参与种植或者养殖实验品，那真正有农民参与到其中吗？

农博士：这个比较困难，比较困难的原因是我们采取的这样一种操作模式，更多的是建立在需要比较大的资金投入上，上面所谓的先进技术更多的是资本和相关技术的一种有效结合。很多示范园都有很先进的设施，生产水平也很高，但这个只能是在一个比较封闭的环境里操作，一旦让农民进入这个领域里面他们会受到种种的限制，包括他们的资金、能力以及组织管理水平的缺乏。

主持人：农民自身在休闲农业里边的优势该如何发挥？

农博士：新型农业模式真正需要农民加入进来的话，让农民能够有效的参与，很重要的一点就是对农民进行素质的培养和技术的辅导，让他们掌握一定的技术和理念使他们能够在科技场馆当中或者是观光园当中成为劳动的主体，这样能够为他们增收提供一定的条件，否则的话如果只是单方面的建立场馆来给消费者和市民提供观赏农业的场所，那对农民来说并没有太大帮助。

主持人： 现在采用的先进技术往往对农民有一种排斥，是因为农民掌握新技术的能力弱一些吗？

农博士： 不是，技术对经济的表现是吸收性，一旦农民掌握了，会干这个事情了，市场竞争就会更激烈，那么在竞争过程当中农民显然又趋于一种绝对的劣势，所以一方面他不能进入，另一方面他进入后缺乏竞争力。我们看到了很多科技园区，科技场馆都是科技人员和相关的企业包括政府部门在主导的。这里需要帮助农民怎么把他们自身的优势发挥出来，尤其是乡土知识，以农民为载体的这些知识通过一种适当的方式能够展示出来也是非常重要的，我们所采用的这些科学技术往往都是来自于实验室的，而农民的技术更多的是在田间地头。怎么能够使消费者也能认识到它的价值，这也是我们需要进一步做的工作。

主持人： 其实建立农业科普场馆并不是一件难事，难的是让农民有效地参与进来成为技术操作和学习知识的主体，划地建馆目的是在于休闲和科普，但是眼光不能只局限在科普消费者，也更应该适当让农民得到实惠，再次感谢中国农业大学发展管理系教授简小鹰老师。

栽培西洋参注意事项

本期邀请到中国农业大学种子科学系的董学会教授为大家介绍栽培西洋参需要具备哪些基本条件以及盆栽西洋参要解决哪些技术难题。

主持人： 西洋参栽培对土壤、气候等有哪些特殊的要求？

农博士： 西洋参不是中国的原产植物，是从北美引进的，所以对土壤和气候还是有一些特殊的要求。首先，土壤方面应当选择有机质丰富的土壤，最好pH偏酸性一些比较好。在温度上，由于它在北美五大湖地区，冬天最低气温在5～10℃，夏季20～25℃，所以它对低温和高温都是有要求的，温度不能太低，夏季生长温度也不能太高。

主持人： 盆栽西洋参对温室有哪些具体的要求？

农博士：根据培养西洋参生长习性来看，土壤要求透气，另外就是在土壤配制方面应当进行消毒，防止带病菌进去。

主持人：盆栽的过程中可能会遇到哪些问题和困难？

农博士：盆栽西洋参主要是病害问题。在一个密闭的空间里面，湿度、温度、光照控制不好容易造成病害的发生。所以在栽培过程中，土壤要疏松透气，能够保水又利水。在播种和种苗过程中，应当注意进行消毒，不让外来的病菌带进棚内。病害的防治需要定期一周或两周喷一次农药，防止病害的发生。还有一个问题就是因为西洋参属于阴生植物，所以在种植时应当注意光照调节，既不能强光也不能光太弱，保证20%、30%的透光率。

主持人：感谢董学会教授。

如何让农民融入市场

本期邀请到简小鹰教授来介绍应该怎样让农民真正融入市场，既能让农民挣到钱，又让消费者省下钱。

主持人：对于菜贱伤农还有菜贵伤民，您是怎么来看的？

农博士：市场总是在不断的波动当中，这种波动一方面是由于生产环境发生改变，另外一种就是农民在决策的过程中有时候会形成一种重复决策，导致某一种产品生产过剩。另外一种情况就是因为对价格走势的把握不够，可能会减少某种产品的生产，导致供应上出现了不足，这个是从供应角度来看的。另外一个就是从需求这个角度来讲，消费者的消费心理也在发生改变。不同的季节需要消费不同的蔬菜，这是正常的。但随着农业的发展，我们现在能够做到很多蔬菜的常年供应，有很多反季节性的蔬菜。这些蔬菜更多的是异地来进行生产的。比如我们在北京市场上买到的很多蔬菜，都是从南方供应的。但在某种程度上也会受到南方气候的影响，也会出现一种短期的蔬菜供应短缺。

主持人：气温下降幅度很大，遭遇冰雪灾害天气是不是也会导致生产成本升高，所以导致菜价本身可能从农民的角度就会卖得相对要高一些？

农博士：对，这是正常的。其实除了农民提高菜的源头价格以外，很多采购商从农民手中采购菜的时候，其实也会进行压价，会把菜价降到最低，然后通过从农民手中买入，经过一系列的流通环节，再把菜运到市场上去卖。其实现在的菜贱伤农是由中间销售商或者是采购商来刻意去压低价格，导致农民也确实挣不到足够的利润。因为现在蔬菜生产的专业化程度越来越高。比如一个农民家里种上几亩同样品种的蔬菜，在某种程度上是没有办法自己在市场上进行消化的。因为当地市场非常有限。在这种情况下，他只好寄托于中间的环节。这个过程里，从单个的农民的角度来讲，他和中间商在谈判的过程中不具备对等的能力，也就是说价格在某种程度上是由销售商、中间商单方面来决定的。所以在这种情况下农民非常被动，没有市场讨价还价的这种能力，所以经常会受到中间市场的盘剥。

主持人：如何改善中间流通环节这一部分的流通情况呢？

农博士：中间流通环节比较复杂，因为人们消费的水平不断提高以后，对品种的多样化要求也越来越高。在这种情况下，实际上销售环节里的压力也很大。从南方运到北方，沿途的损耗，包括经过批发市场，然后到零售过程里也会有一系列的损耗现象。所以销售商在这个过程里为了保证足够的利润，他采取的策略当然一方面就是尽量去

压低菜的购买成本价，另外一个方面就是尽量去提高卖给消费者的销售价格。因为这里存在很大的风险，所以在采取这两种策略的情况下，自然是一方面牺牲生产者的利益，另外一方面是牺牲消费者的利益，否则他在这里如果碰到大的风险，造成大的损失，这个环节里没有利润他就不会干了。

主持人： 如果要想解决菜贱伤农或者菜贵伤民现象，让农民直接成为销售者会不会更好解决呢？

农博士： 这取决农民能不能够有效地组织起来。如果单个的农民成为一个销售者，在当地市场是非常有限的。如果要到达更远的市场空间里，他的生产量太小，规模不够。所以农民如果不能组织起来，实际上是不现实的。只有把农民组织起来，使它形成足够的规模，才有可能到达一定的市场，能在市场当中能够进行均衡的供应，从而获得销售利润。

主持人： 一个新的模式，就是菜农直接进社区，由村委会和居委会"两会"对接，然后形成一种消费模式。但是"两会"也不是经济主体，那"两会"对接的责任和效果如何划分和保证也是一个很大的问题，您怎么看呢？

农博士： 这是随着农业进一步发展，目前在国外这方面有一些比较成功的经验，国内也开始在摸索。尤其是随着农产品的食品安全问题越来越突出，大家希望在这种过程中间，生产者和消费者通过一种有组织的形式直接对接，减少中间的环节。这样一方面是降低了农产品的销售价格，另外食品安全能够得到一种充分的保证，同时更重要的是减少了农业生产和消费过程中间的盲目性所造成的对农产品的浪费。

主持人： 感谢简小鹰教授，谢谢您。

如何科学使用农药

本期邀请到吴学民教授来聊一聊科学使用农药的话题。吴学民，中国农业大学应用化学系教授，主要从事农药制剂研究与助剂合成以及农药环境污染治理等方面的研究工作。近年来以第一作者先后发表研究论文40余篇，专著1部，国家发明专利5项，主持完成具有国际先进水平的科研成果4项。

主持人： 怎么样使用农药才是最科学、最安全的？

农博士： 使用农药是目前防治病虫害举足轻重的一个措施。第一，应该是科学使用农药的品种，避免低效高毒高残留农药的使用。当前农药朝着高效低毒低残留的方向发展，新的农药品种也不断出现，过

去那些高毒的农药很多已经被禁用了。要科学使用农药。首先每种药剂都有一个适应的范围和比较专一的防治对象，比如杀虫剂。像现在新的药剂甲维盐，它防治鳞翅目害虫就比较好。对于蚜虫、飞虱这类害虫，使用烟碱的效果就比较好。另外防治像红蜘蛛这些螨类，像阿维菌素的效果就比较好。但是如果没有科学地选用药剂，如果用甲维盐去防治螨类，效果可能就会很差，而且可能用很大的量也不能达到很好的防治效果。

第二，也是很重要的就是合理的使用药剂。对于一些新的农药品种，其实它的安全性还是很高的，并不像广大的消费者认为的农药毒性都很高。实际上现在一些新的农药，比如像一些杀菌剂，一些除草剂，比我们吃食盐的毒性还要低。而且这些高效的药剂，它的使用量其实也可以严格的控制。使用量过大，既增加了用药的成本，浪费资源，同时也会造成环境污染。有些地区农民确实存在一些过度用药的情况，尤其对于水果蔬菜以及茶叶这些高附加值的农作物产品，有些地区使用量过大，可能会造成很多不利的影响。首先会使病虫害很快产生较高的抗性，有点类似于医药中抗生素滥用的情况。另外用量过

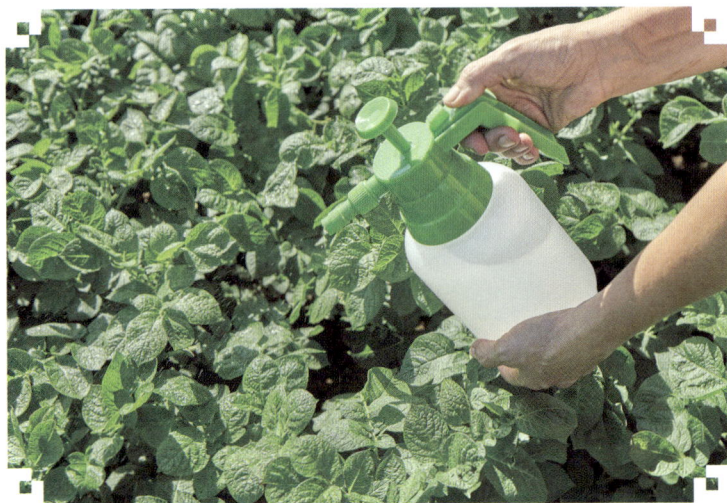

大，可能会造成农药残留超标，影响到农产品的安全。

第三，一定要适时用药，比如说在病虫害防治方面，棉铃虫在三龄以前防治效果会很好，如果超过三龄的话，就要加很大的剂量，也比较难以防治。还有一个比较重要的概念——农业安全区，在最后一次喷药及到采摘之前，要保持一段的时期，这个时期是由多种因素决定的，主要是由用药量，同时和农药本身的半衰期，也就是它的降解速度决定的。广大农户应该严格执行安全期采摘的原则，这样可以避免农药残留超标。其实如果是科学的、安全的、适时地使用农药，农药应该是很安全的。比如像德国这些西方发达国家，他们农药也在比较大量的使用，但是他们的农产品安全得到了很好的保证，因为他们农药的使用量、使用的品种，还有使用的时期都是很科学的。因此使用农药和农产品安全之间的矛盾是可调和的。

主持人：一般公众对于科学认识农药是有一定的误区的，觉得农药都不安全，但是事实情况到底是不是这样呢？

农博士：实际上现在这些新的药剂还是非常安全的。作为农药，在我们研究的过程中，它的规定是非常严格的，对于一些毒性比较高的、残留量比较大的农药在我们研究过程中都已经直接去除了。现在在市场上能够使用的农药，绝大多数都还是很安全的。如果是按照科学的方法使用，是不会对消费者造成影响的。

主持人：能不能研制一种对人没有毒的农药，只对害虫有毒的？

农博士：这个实际上是我们现在大多数农药的主要研究方向，也就是我们所说的农药选择性。对哺乳动物的毒性是很低的，但是对于害虫，对于昆虫，对于螨类它是高活性的。像昆虫，它是外骨骼，而哺乳动物是内骨骼，很多农药针对昆虫的外骨骼作用靶标，对于哺乳动物，包括人类是非常安全的。

主持人：农药有没有所谓无公害农药呢？

农博士：据我了解目前还没有一个特别严格的定义。但是从研究的角度来讲，我们现在所做的农药基本上都是以无公害作为目标。主要是它的残留量不能过高，很容易在自然环境中降解，它的作用方式也非常专一，对环境的影响会非常小。现在包括一些大家所熟知的生物农药，还有一些高效安全的化学农药，我觉得都可以给它划为无公害农药的范畴。

主持人：像这一类农药都有哪些品种？

农博士：这一类的品种是很多的，比如说国际上20世纪90年代以后研究的这些杀虫剂品种，基本上毒性都是比较低的。现在大多数的杀菌剂基本上都是很安全的，还有一些除草剂当然就更加安全。这个品种非常多。

主持人：如果要挑选的话，一个最基础的指标是什么？

农博士：最基础的指标，总体的原则还是以上的三个方面。主要的目是要能够防治病虫害，同时也能达到安全的目的。农户使用农药的时候，应该不要盲目地去使用，应该咨询当地的一些植保部门农药使用的专家。对于一些有经验的农户，也可以根据自己的作物情况、病虫害的情况，同时根据农药销售时的标签。因为我们国家现在对标签的管理会越来越严格，药剂上面通常是有一定说明的。同时我还建议对于一些有经验的农民朋友可以使用一些复配的药剂，对于延缓抗性，同时对于扩大防治都是有利的。

主持人：好的，非常感谢吴学民教授，谢谢您。

母兔繁殖技巧

本期邀请到秦应和教授来介绍怎样才能提高种母兔的繁殖力。秦应和，中国农业大学教授，国家兔产业技术体系首席科学家，主要从事家兔繁殖的研究，著有《獭兔饲养200问》等农技指导书籍。

主持人： 怎么样在买兔子的时候就能判断哪些种母兔的繁殖能力强，哪些不强呢？

农博士： 一下子判断某个种母兔繁殖能力强不强，可能有一定的困难，但是有一些基本的方面要把握。第一个，要有比较好的种母兔的特征。比方说乳头数不能太少，一般我们要求至少是八只以上，就是四对。如果说多点当然更好。第二个，它的体况必须达到比较优良，太瘦，或者说有些品种特征不明显，这些肯定不行。第三个，健康状况也比较好，至少鼻子里面没有分泌物，没有鼻子发过呼吸道炎症的迹象、肛门周围拉过稀的这些症状。另外体表没有一些寄生虫病、疹子病，这是最起码的。所以从这几个方面简单的判断，基本上符合一个好的种母兔的一些体征。

主持人： 如果从种母兔繁殖能力上来说，要想提高繁殖能力，应该怎样来做才能够优先保证它们的繁殖呢？

农博士： 要提高种母兔的繁殖力可以从以下几个方面着手：第一，因为现在可能规模化养殖相对来说各方面照顾得好一些，如果对于农村个体的、规模不太大的这种情况，饲养员跟繁殖母兔接触比较多这种情况下，首先要保证它有充分的营养，因为它主要是用

于繁殖，那么它的体况必须要维持在中等偏上。所谓中等偏上，就是用手去摸母兔的背，骨头不能突出身体太多。有的种母兔一摸就很瘦，肯定就是营养不够了。所以就是要保证中等偏上的体况才配种。而如果体况没达到的话，首先要加强营养，使它达到中等以上的体况，这是一个方面。第二个就是配种，两次配种之间间隔的时间要合理。现在好多农户为了加强繁殖，兔子刚生一窝，刚过一个月，还没等前一窝断奶就配，有的甚至刚生下一两天就配，这个农村叫血配。这样的话对母兔体况损伤是很大的。所以尽量要避免这种情况，如果说体况很好，营养状况也好，偶尔用那么一次是可以的，但长期这样是很难持久的。

主持人：应该怎么样来把握配种的时机呢？

农博士：配种一般都是通过观察母兔的外阴部的肿胀和颜色，就是翻开母兔的外阴，如果颜色发红，而且它是逐渐从苍白到浅红到粉红，最后到大红，大红过了以后是黑紫，这么一个变化的过程。肿胀是开始没怎么肿，然后逐渐肿的比较厉害，最后肿胀消失。一般根据配种实践，就是在外阴部的颜色是大红的时候配种受胎率最高，要是颜色不够红，肿胀不够厉害，这样的话虽然有的时候也能配上，但是总体上受胎率偏低。如果到黑紫的时候再不配，有的时候就迟了。所以农村有俗话就是，粉红早，黑紫迟，大红正当时。

主持人： 母兔属于刺激性排卵动物，这个特点应该怎么样来理解呢?

农博士： 所谓的刺激性排卵动物，就是母兔体内卵巢上的卵泡发育成熟以后并不能自发的排卵。它不像猪牛，它一般21天一个周期，卵巢发育后每21天要自动的要排一次。母兔虽然说卵巢上也有卵泡发育成熟，但是它没有外界的刺激或者内部的什么刺激的话，自己是没法排卵的。所以必须要经过外在的或者内在的刺激才能够排卵。

主持人： 好的，非常感谢秦应和教授，谢谢您!

植物内源激素赤霉素

本期邀请到董学会教授来聊一聊植物内源激素赤霉素。

主持人：您觉得赤霉素对人体有没有危害？

农博士：赤霉素是1926年日本科学家从真菌里分离的，后来英美科学家也相继分离这类物质，到1956年就知道这个物质的结构了，当时也叫赤霉酸。后来发现在植物体内也有这类物质，并发挥着很重要的作用。目前赤霉素大家庭成员已经超过120种，我们用的有赤霉素3、4、7等。赤霉素一般具有促进生长、促进花芽分化、打破种子休眠等作用。其实这个激素在植物体内各个器官都有分布，包括像根茎叶、花果实都有。

赤霉素的安全问题可能也是大家所关注的。首先要把植物激素和动物激素区别开来，它是完全不同的物质，不要一谈激素就认为对人体有害。其实赤霉素对人畜还是比较安全的。目前有一个评价指标叫急性口服，这个数值越大就越安全。这个指标在美国是大约5 000毫克/千克认为是低毒。其实我们每天吃食盐这个指标是3 000毫克/千克，而赤霉素这个指标是15 000毫克/千克。所以说比较来看实际上它比吃食盐还要安全，所以虽然说是低毒，很多人可能把赤霉素和赤霉醇混为同一个物质。实际上赤霉醇主要是用于动物，而且对动物增重、蛋白合成有促进作用，后来发现这个物质对哺乳动物有危害，到1998年的时候已经不允许用了，我们国家是2002年后不允许使用。这是关于毒性的问题。另外一般来讲把植物内部产生的叫作植物激素，外源施入的叫作植物生长调节剂。其实像赤霉素调节剂也是微生物源的，就是通过微生物发酵得来的，所以说它使用后可以调节作物生长，提高产量，改善品质。目前在我们国家比如说黄瓜、茄子上可以用于促进坐果，像菠菜、芹菜这一类可以促进生长。另外还有一些，像平常吃的水果，像柑橘、香蕉等，可以延长储藏期。另外我们吃的草莓，它可以促进它的花芽分化。另外一个像水稻制种，它可以提高制种的产量。所以说赤霉素本身是植物体内产生的，我们实用的外源的赤霉素，它的结构，比如说赤霉素3和植物体内是完全一样的。所以说如果是合理的使用，它是安全的。目前我们国家注册的赤霉素或者赤霉酸的一些产品、农产品或者叫作农药也是比较多，我统计一下大概有七八十种。其中在我国如果经过农药注册，经过农药登记，说明在一定使用范围内它是安全的。所以说赤霉素，不要认为它对人体会有什么样的危害。总之是在一定范围内使用，它对人体是安全的。

主持人：像植物本身拥有的，还有人为添加的，是不是都能够促进植物的生长，或者来调控植物的生长？

农博士：对，因为像平常用的赤霉酸，也是现在注射最多的，他其实也是在植物休里含量比较多的一种，或者一般是我们跟踪研究的一个种类。

主持人：其实误会源于大家对植物激素的一个误读，把它和医学上的激素混为一谈了。

农博士：这里我要澄清一点，因为一般来讲，把植物内部产生的叫作植物激素，一般我们把外源施用的都叫作植物生长调节剂。所以说对于生长调节剂大家不要恐慌。一个是内部的，一个是外部的，但是其实物质的原理都是一样的。

主持人：感谢董学会教授，谢谢您！

小麦收割机的使用与保养技术

本期我们邀请到李问盈教授重点讲解三夏农机和小麦收割机的使用技术。

主持人：我们倡导农民在使用农机前进行必要的检修，那么小麦收割机作业前或者是刚开始投入作业的阶段怎样判断设备的状态是否良好？

农博士：小麦收割机一年基本上使用一次，所以在使用前一个月左右就要开始进行检查和保养，确定所有的零部件都完整可靠。一是联合收割机带传动的部位比较多，一定要保证每一根皮带的技术状态都安装正常；二是联合收割机的润滑部位多，要把各个润滑部位进行润滑（俗称打黄油），确保各个运转部件能够灵活运转；三是所有防护装置要安装好，加上水和油就可以进行试运转。由于联合收割机基本上一年使用一次，要严格地按照使用说明书的要求，进行一定时间的空形式运转，确定其能否可靠制动、及时稳定。这些基本操作没有问题后，就可以下地进行试割，在其过程中，考察各个工作部位的收割过程是否能够可靠进行，包括拨号轮的调整、割台的调整、滚筒调整、作业速度等。试割过程中，还要考察各个工作部件是否正常可靠、脱粒情况（是否有小麦的籽粒破损、掺杂等）、收割损失的情况（收割损失一般以收割后1平方米小于1粒的落粒为标准）。

主持人：收割机运行的过程当中，运行的速度不是机手自己决定的，要考虑很多方面的因素。怎样根据麦子的高度、密度这些因素来

确定收割的速度和割茬的高度呢？

农博士：这一点主要是与联合收割机的性能有关，联合收割机上有一个非常重要的性能指标叫喂入量，就是其处理作物的能力，比如说常见的一种每秒2.5千克，也就是说它每秒钟能够处理的秸秆总量是2.5千克，所以当某一个联合收割机为流量大的时候，收割速度就快一点，对于割茬高度，如果没有特殊要求的话，就是以不漏麦穗损失为原则，尽量可以抬高一点，那么相同的距离，联合收割机处理的量就要减少，收割的效率会提高。还有一点，可以依据收割时机器的表现来确定速度，在收割的过程中，感觉机器运转的部位比较轻快，没有堵塞等现象，就可以加快速度，如果说在收割的过程中经常堵或者发现脱粒不净、损失多、速度慢，就多一点时间处理。

主持人：小麦收割机在作业的时候对收割路线有哪些讲究吗？

农博士：有。作业的时候首先必须要开出割道，保证收割机可以在里面转弯，运粮车行走的时候，不会压倒小麦。另外一个就是联合收割机收割的过程中一般都是顺时针绕行，这个主要是因为小麦联合收割机的吸粮位置是在前进方向的左侧，顺时针绕行的时候，车可以在割地行走，不会压没割的小麦。当然现在的农村也有一些小地块，它没有专门的运粮车，在运粮时，把这个联合收割机开到地头，直接把这个粮食倒在这个山坡上，然后再由农民自己装袋运走，如果是这样的形式，行走路线就无所谓了。

主持人： 我们提倡机收，但是有没有哪些状况下是不适合使用小麦收割机的呢？

农博士： 大概有这么几种，一种地块太小，因为联合收割机一般都是好几米，割台最少得两米多，所以如果地块太小的话，还是运行不开的；第二种是没有供联合收割机行走的道路条件，因为联合收割机比较宽，如果路比较窄，也不适合使用；还有一种是坡耕地的情况，如果坡耕地上的坡度过大，联合收割机作业的时候容易产生侧滑；还有一种就是小麦的成熟度太低，使用联合收割机就会造成籽粒破碎等这样的现象，所以也不太合适；另外还有一种，就是农村有些地块本身不是很大，种了一些小麦，然后再间隔种一些别的作物，那么如果小麦种植宽度不足以一个联合收割机那么宽的话，这种情况下也无法使用。

主持人： 好的，关于这个小麦收割机的使用技术，咱们先讲解到这。感谢李问盈教授。

玉米区域大配方与施肥

　　本期我们邀请到中国农业大学资源与环境学院植物营养系教授陈新平老师为您介绍相关的施肥建议。陈新平，中国农业大学资源与环境学院植物营养系教授，主要从事农作物养分资源综合管理的理论与技术，作物高产与资源高效利用的土壤作物体系综合管理的研究，在区域养分资源管理和肥料新产品研发方面有突出的成绩。

　　主持人：在开始之前我想先问您一个问题，这次玉米区域配方的施肥意见当中出现了许多一次性施肥配方，这里的一次性是不是可以理解成普遍适用呢？

农博士：对，但是一次性的施肥是只限在一部分的地区和在较高的作物产量下才这么建议的，并不是在所有地方都推荐使用这个方案。

主持人：除了刚才我们讲到的特点之外这玉米区域大配方施肥还有哪些特点呢？

农博士：我们国家的玉米生产有明显的地域性，东北主要是春玉米，华北是夏玉米和冬小麦来进行间作的，在西北包括雨养的春玉米和灌溉的春玉米，在西南地区的玉米还经常跟其他作物套种。不同地区的生产条件还有气候条件和土壤条件的差别都非常大，所以根据不同区域的特点来进行施肥和配方施肥的话是非常必要的。

主持人：刚才您说到了不同区域的要求是不一样的，尤其比如说像东北的春玉米区还有华北的夏玉米区来说，他们到底有哪些特殊的要求呢？接下来，希望您以玉米区域大配方与施肥建议为主题给大家做一个专题的介绍好吗？

农博士：好的，大家都知道玉米是我们国家最重要的粮食作物之一，在未来玉米将会在粮食安全方面发挥更加重要的作用，但是我们国家玉米施肥上还存在着一些问题。比如很多地区玉米施肥的用量、农民施肥的方法、氮磷肥的配比等各方面都还存在一些需要改进的地方，农业农村部发布我国包括玉米在内的三大粮食作物区域大配方，就是来解决这些问题。这次玉米大配方的发布，首先农业农村部专家组对我们国家的玉米配方进行了区域的划分，就像刚才提到的，我们分成了4个大区12个小区，在这个基础上，再根据过去几年里面大量的数据，其中这次的玉米我们用到了15 000组的实验数据，还有大量的分析数据。根据区域氮肥的总量控制、磷肥的恒量监控和钾肥的肥效反应等原理，首先确定不同区域氮肥、磷肥和钾肥的最合理的用量；在用量明确的基础上，再根据不同区域氮肥的精准比例以及是否需要考虑一次性的施肥，还有总的养分浓度等一系列指标，来设计我们不同区域的区域大配方肥。本次发布的16个大配方就是基于这样一个过程来发布的。这16个配方对我们国家玉米的生产将产生一些重要的积极性作用。首先，体现在对肥料的生产企业上，该配方对企业有一个很好的引导作用。一直以来，肥料生产企业都是跟着工业来生产配方，这是第一次提出了不同区域里面对产品的要求。前不久农业农村部也组织了200家的肥料生产企业的培训，可以相信通过这个工作，有助于引导我们的各级肥料生产企业的生产，让企业可以面向不同区域的玉米生产专用配方肥料。其次，有助于农民选择合理的肥料以及合理使用这些肥料。通过这次的《配方肥机器施肥指导意见》的发布，个体农民包括家庭农场、大型农场、合作社和小户都可以看到这些信息。这样一个指导意见，可以帮助他们来选购和使用自身区域的肥料，同时能够根据这个指导意见来进行科学合理的农业支出。最后，这次的大配方发布也有助于指导我们个体农业技术推广部门对于不同的区域进行分类指导施肥。通过高产创建合理施肥的试验示范工作，推动玉米日益增产和施肥公司的向前发展。具体来说，东北和华北这两个主产区种植了我们国家将近80%的玉米，但是他们遇到的施肥的问题又不完全一样。目前，东北的玉米生产过程中，磷肥用量已经比较高了；对于磷肥的用量，在不同区域上也基本合理，要在适当的条件下，稳定氮肥和钾肥的用量。大配方的选择就是这样一个原则，东北的玉米里面目前生产方面特别突出的问题就是高氮肥的使用，所以在这次的大配方中，我们非常明确地给出了不同区域里面在哪些区域是可以使用高氮肥，有些区域里面不适宜使用高氮肥。同样，在华北磷的用量方面，还需要进行一些调整，特别是需要考虑增加钾肥的用量，在配比方面，我们对减氮和增钾这样一个比例，做出了一些调整。

主持人： 非常感谢陈老师的介绍，测土配方施肥这方面不同的地方、不同的环境、不同的气候及不同土壤条件，都是有不同的要求的吗？

农博士： 对，在大配方以及施肥指导意见上已经给出了非常明确的指导性的意见，当前玉米在东北和华北正在接近收获的季节，实际上从施肥这个角度来说应该已经结束了。

主持人： 现在还需要补肥吗？

农博士： 原则上来说已经不需要补肥了，但是对于农民朋友来说非常重要的就是一定不要提前收获，应该适期收获或者是适当的晚收，因为适期的收获和晚收，有助于提高玉米粒重，最后提高产量。

主持人： 非常感谢陈老师今天的在线解答。

缓释肥料的功能

本期我们邀请到了中国农业大学教授、中化化肥公司的高级顾问王兴仁老师，为大家来详细介绍一下21世纪的新肥料缓释肥料。王兴仁，中国农业大学资源与环境学院教授，中化化肥公司高级顾问，我国化肥应用实践领域的权威专家。

主持人： 王老师，首先您给大家介绍一下，缓释肥料是什么样的一种肥料，目前它有哪些类型呢？

农博士： 缓释肥料，指的就是它的养分释放缓慢，释放过程可以得到一定控制的肥料，该肥料在提高了效率的同时，也能提高利用率，并且对环境也是有好处的。按照肥料释放的特点，可以大致分成三种。第一类是缓容性肥料，缓容性肥料是将脂溶性化肥换成难溶性肥料，比如将尿素与其他肥料混合，例如氨水、硝酸铵、氯化钾等；第二类，

就是指包膜肥料，利用难溶于水的物质来保护肥料，通过防腐率来保护肥料，例如包衣尿素；第三类，是指稳定肥料，利用硝化抑制剂，提高氮肥的利用率，例如碳酸氢铵、碳酸尿素等。

主持人：通过王老师的介绍，对缓释肥料我们有了一个大概的理解，就像刚才我们介绍的名字一样，缓释就是缓慢的释放。而且刚才通过这三种类型的介绍，像缓容性肥料，包膜类肥料还有稳定性肥料，意思都是把这些肥料经过特殊的加工之后，使其肥效慢慢地长久地释放出来，而不是一下子挥发出来，这样的话可以延长它的使用时间，而且可以有效地释放肥量，减少损失。刚才我们介绍了缓释肥料，它对我们的环境还有农业生产是有很多的好处的，那目前来说这几类缓释肥料，在我国的发展应用怎么样？

农博士：缓释肥料在各个国家都是比较受到重视的，这是一个大的趋势，在发达国家，化肥使用量不再增加，其他肥料每年9%到4%的负增长。但由于缓释肥成本比较高，大概70%用于高尔夫球场，10%用于果树、蔬菜和水稻，发展方向都是向成本降低的方向进行，这样才能推广。另外就是释放速率与吸收速率同步，这个难度是比较大的，我国对于肥料发展方面起步稍晚，但是很重视，我们有自己的特点。为了确保粮食安全，要高度重视缓释肥料在粮食作物中的应用。我国科学家正在根据不同地区、不同土壤特点将缓释的技术和施肥技术相结合。目前来看，缓释肥料使用的面积，只占一小部分，但推广的面积已经超过了全国2/3的省份，并且还在增加。

主持人：可以说我国的缓释肥料的普及工作正在推进和发展的过程当中，虽然现在成本较高，但是科学家们也正在努力地降低成本。刚才王老师说各地的情况不一样，各种作物使用肥料的效果也是不一样的，目前是一个正在针对各个品种来逐个击破的过程，那您说这个缓控释肥料的开发利用能不能和测土施肥的技术结合起来呢？

农博士：这个应该是可以的，比如说我在做市场调查的时候，发现目前专用的复合肥养分太低，使用量不符合生产实际，比如按照一次性的养分施业区，由于施肥没有跟缓释技术结合起来，如果前期施肥过量，导致肥效瞬间释放，前期疯长，后期颓废；如果施肥量过少，则会导致肥效不够，这个问题摆在面前，我建议以后开发施用复合肥时，应适当与缓释肥料结合起来，大家共同来解决问题。

主持人：可以把这两个有机地结合起来，携手共同发展。近一段时间关于测土施肥的技术，我们也了解了不少，但是好像实施起来有一定的难度，如果我们把两个技术结合起来，通过科学家们不断地探索和研究，应该能够对以后的农业生产方式带来巨大的改变。我们说了缓控释肥料的好处，但又和平时我们常规的肥料不太一样，大家如果想要选用的话，需要注意什么？

农博士：这个是很重要的问题，因为农民朋友对这个还不是十分了解，所以咱们使用的时候，提出几点建议供大家参考。第一点，要购买合格的肥料，购买自己所需要的肥料，并要根据自己的情况进行购买，其中要参考国家有关缓释肥料的规定，参考国家标准，合理使用。第二点，肥料一次性使用，一般每亩30～50千克，施的时候不要跟种子在一起，以免弄坏种子。此外，施完以后到地里观察肥料是否有效，一旦脱肥，还可以补肥。第三点，要注意时间，因缓释肥肥效长，施早一点量不能太大，否则的话到后期会影响作物成熟。

主持人：对，我明白了，首先需要了解缓释肥料，了解相关的标准，自家地里用何品种，然后将其作为基肥使用，同时使用时要和种子有所隔离，然后还有就是经常去查看，和后边的追肥做好衔接。谢谢王教授！

钾肥施用技术注意事项

本期邀请到曹一平教授来介绍化肥使用技术方面的知识，分析一下化肥尤其是钾肥使用当中还存在哪些问题。曹一平，曾任中国农业大学资源与环境学院副院长、施肥咨询与新型肥料研制中心主任。致力于植物营养理论与新型肥料研制以及施肥与环境等方向的科学研究，发表科研论文数十篇，获发明专利4项，获国家科委、原农业部、化工部等科技进步奖12项。2020年10月被评为北京土壤学会突出贡献科学家。

主持人：目前我国使用钾肥的现状怎么样？

农博士：目前我国在钾肥施用上还是有一些不同的情况。首先从地区来说，南方地区对钾肥的施用比较多，因为南方地区土壤里钾比较缺乏，施钾的效果很明显，农民很认可，无论是粮食作物，还是经济作物都很重视钾肥。

主持人：哪些地区目前使用钾肥还不够？

农博士：现在北方地区有一些地方使用的不太普遍。主要就表现在粮食作物上，像玉米用得比较多一些，小麦用的相对少一些。在经济作物上，北方普遍使用的就比较多。

主持人：钾肥到底怎样用才能更加有效？

农博士：在缺钾的情况下钾肥作用会表现在产量的提高上，另外钾肥在高产地区，特别是经济作物上的施用还可以有利于品质的提高，还有一些情况下，比如干旱、多雨、降温等，钾肥使用得当还可以来提高作物的抗逆性。

主持人：常见的钾肥有哪些呢？

农博士：常见的单一钾肥有硫酸钾和氯化钾，现在钾肥的使用中复合肥料可能占据总的钾的用量一半。含氮磷钾三元肥料中的两元以上的叫复合肥。现在复合肥里氮磷钾通用型的就是15、15、15。目前高氮型复合肥发展的比较多，在这个复合肥配方里高氮型复合肥占去了至少是百分之五六十左右，高氮复合肥的大量使用带来的问题是磷钾相对容易少。高氮复合肥是其中含20%以上的氮，有的时候26%、28%，磷有时候就只有5%，最多10%，含量就比较低了。钾有16%，有时候12%。不像三个15这样均衡，高氮复合肥的使用是一次性施肥，来减少施肥的次数及劳动力。像作物整个生育期所需要的肥，氮要多一些，这样就一次性把高氮施下去，农民就不用再施肥了，可是高氮复合肥使用下来也会引起两个方面的问题，比如说高氮用多了以后，会造成磷钾的不足，氮施得太多了，前期作物增长不需要那么多，到后期作物需要的时候氮在土壤中损失掉很多，导致植物获得的养分不够。

主持人：钾肥分为两种，这两种肥料有什么区别吗？

农博士：氯化钾和硫酸钾，首先从资源上来说这两种都是植物吸收钾多于吸收负离子硫酸根和氯的，不同之处就是氯化钾中的氯是作物必需的微量元素，但是量不能太多，如果有一些作物如果施氯太多，作物的品质会受一些影响。实际上所有的作物都可以使用氯化钾，但是有一些作物像葡萄、菠萝、香蕉、土豆、柑橘、番茄、烟草等这些作物就不能频繁过多地使用氯化钾。

主持人：测土配方合理施肥等手段也有助于改变当前钾肥施用比例不合理的现状，应逐渐提高钾肥的施用量。非常感谢曹一平教授。

金银花栽培技术

今天我们邀请中国农业大学农学院植物遗传育种与种子科学系教授、博士生导师董学会，来为大家介绍金银花的栽培技术。

主持人： 请您给农民朋友来介绍一下栽培金银花在种植方式上有哪些技术要求呢？

农博士： 金银花现在基本是无性繁殖生产育苗，苗一般是选择1到2年生的健壮的枝条，然后剪成20厘米长左右，准备比较好的扦插床，一般选择沙质壤土。在地力不够的情况下，可以施用一些基肥，做成育苗的扦插床，一般的扦插时间在春天、夏天、秋天，一般扦插的力度行距大概25厘米，株距5厘米。但因为是扦插，没有根，需要在保湿和遮阴上下工夫，注意防止干燥，这样过15～20天就可以生出根来。

主持人： 请您多介绍一下金银花种植栽培的方式，包括您说的株距行距，还有地势的选择等。

农博士： 金银花的生长习性是比较喜欢沙质壤土，如果土壤比较黏重，排水不好的地块尽量不要种植。另外金银花喜欢光照，光照比较强的时候产量高，光照不足花蕾比较少。另外还有一个生长特性就是金银花的抗性比较强，比较耐寒和耐旱，适应性比较强。种植的时候，要选择一个沙质壤土的土地。现在我国的金银花大概有三个产区，分别是山东、河北，以及河南新密一带。

主持人：要想获得比较优质的金银花，除了您刚刚说的在选地上，包括选种上以外，金银花在采摘和晾晒上还有哪些要求呢？

农博士：因为是花类入药，采摘晾晒要注重采摘的时间，另一个是晾晒的条件，或者是烘干的条件。从花期来算，从花蕾开始，10～15天比较好，也就是老百姓说的二白期比较好，不能等到花开放。采摘的时候，需按顺序由内向外采摘，但是由于是花，比较娇气，所以采摘的时候，一定要轻摘、轻握、轻放，采过后要放在比较透气的容器里，避免放在不透气的塑料袋里面，变质发热，影响以后的产品加工。采摘以后，一般的老百姓没有加工条件，可以用自然晾晒的方法进行加工，如取一个干净的工具，比如说像苇席，上面铺一层，然后就放在日光下进行晾晒，两天以后基本就可以达到八九成干。要求在七八成干之前，尽量不要翻动，因为翻动以后容易造成花的颜色发生变化。八九成干以后，气温比较好的时候，可暂时收起来，这个时候还不是全干，收起来以后放在一个比较干净的地方，装在透气的袋子里，让它回干、回潮三到五天，使它里面的水分再往外渗透一下。三到五天以后，就可以作为商品卖了。

主持人：由于中草药是直接入口服用，或者贴身使用，那么种植金银花在防治病虫这些方面与普通农作物有什么不同？

农博士：现在大家非常注重药材本身的农残问题，也是我国很多药材出口的一个非常重要的限制因素。因为药材是入药的，因此它同一般农作物在预防上还有一些差异，一般的防治策略是以预防为主，综合防治。最开始可以在栽培过程中采取轮作的方式，也可以通过间作，或者是深耕的方法来降低病原菌或者害虫对药材的影响。在栽培上可以在秋后采取清园，清除有病的植物残体，也可减少病原菌对下茬作物的影响。最根本的是选择抗病的种子资源，这样可以降低防病

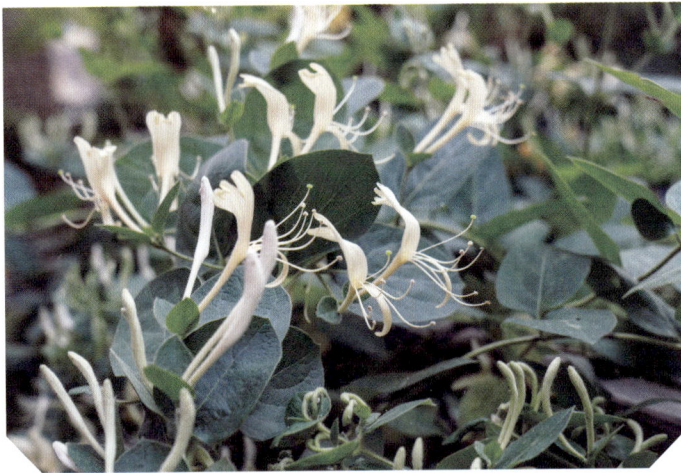

的成本。还有一类是现在比较倡导的生物防治，如一些病害可以用赤眼蜂，既达到防病的目的，又可以减少农残的残留。药材种植上其实并不避讳使用化学合成的农药，不过农药使用的种类有所限制，一般来讲，我们推荐都是用高效、低残留的一些农药。

主持人：在栽培过程当中，除了防止病虫害之外，为了让它生长得更好，可能会使用一些肥料。那么像中草药在使用肥料上需要注意哪些问题？

农博士：因为中草药跟农作物不太一样，入药部位也不同，在使用肥料的时候，根茎类的药材，可能需要磷钾肥多一些，在施用上一定要根据药材的特点来选择合适的肥料。另外要根据当地种植地块肥力状况进行变化。肥力比较差的地块，可以根据植物的需求，补充必要氮磷钾，或是其他微量元素辅料，还应当根据植物的生长发育时期，金银花在休眠期或在春天的时候可以施用基肥。每次采花以后可以补充一些叶面肥，比如磷酸氢钾。这样可以为下一次开花提供营养的储备。

主持人：我们的短信平台上还有一位听众说，苗木的苗应该怎样培植起来？

农博士：金银花的苗木，一个就是刚才所说的，要选择健壮的枝条。扦插床有好的管理，苗木成活是没有什么问题的。但是因为现在很多金银花，它都是一个树形情况，所以苗木生产过程中，扦插是比较关键的。第一年，要选择一个到三个健壮的枝条，每个枝条留三到五点，其他的部分都要剪掉。第二年，一到三个枝条会长出六到十个健壮的侧枝，这些侧枝均匀分布，选择三到六个留下，其他的剪掉，留下三到六个枝条，每个上面留三到五点。第三年，在第二年的基础上，留八到十六个骨干枝，这时基本就能够形成苗的骨架结构，可以出售。

主持人：如果说买不到这种苗木的话，用野生的可以吗？

农博士：现在我们金银花的苗木还是比较充足的。河北巨鹿，或者是山东的临沂，还是比较多的。因为每年的金银花它都要剪枝，剪下来的大量枝条，都可以作为生产苗木的材料。

主持人：您刚刚也介绍了有三个地区适合种植，一个是山东临沂，另外一个是河北的巨鹿，还有一个是河南的新密。我想请教您，金银花在南方，比如说云贵地带，适不适合种植？

农博士：也可以种。现在云南、贵州也有人种。比如说像云南曲靖有个地方，我们也帮他建了基地。它有个几千亩规模，也就是说当地的气候条件，包括地形地势，包括土壤沙结构也是适合种植金银花的。

主持人：跟董老师聊了那么久，也了解了金银花在栽培技术上的一些要求。我想很多朋友也和我一样都会带着一个疑问，就是咱们现在这么关注金银花，而且金银花也是被列为28大名贵药材之一，一定程度上是和金银花的药用价值高分不开的。但是金银花是什么时候成为中药材的呢？

农博士： 金银花在我国应用的历史是比较悠久的，在一些古书上都有记载。金银花又叫忍冬，由于这种植物的花初开时是白色的，后来转变为黄色，因此得名金银花，金银花这个名字，最早出现在宋代植物典籍中，其实早在唐朝，就有药典记录这种植物的药用价值，但在宋朝以前，只有茎和叶入药，到了明代，花才入药。此后花的药用价值就越发体现明显，现代研究表明，金银花的茎、叶、花的化学成分不同，功效不尽相同，金银花功能为清热解毒，而忍冬藤除此功能外还可通经活络。现代医药书籍及商品药材，大多采用金银花名称，并收入中国药典。只不过金银花现在在我国药典上变化比较大。在以前的药典中，我们只是一种金银花入药。在20世纪80年代到90年代的时候，把其他的一些金银花的类别，比如山银花，也列到金银花中，作为一个正规的药使用。但在2005版以后的药典中，金银花和山银花也是分离开的。

主持人： 收获了金银花之后，适当的加工也是必不可少的。现在市面上也有许多含金银花的中成药，比如说有些含化片或者说一些冲剂颗粒等，要想把金银花加工成药，并且尽可能保留它的药用价值、药用功能的话，在加工上我们需要注意哪些问题？

农博士： 种植户加工应当注意烘干条件。比如烘干的温度、烘干的时间和烘干过程中湿度的控制，这个可能会影响到金银花的表观质量和内在的成分。

主持人： 提高加工技术，也是为了有更好的销路，从目前来说，除了各地中医院，还有中药中医药房之外，还有哪些销路吗？

农博士：现在我们国家金银花最大的交易方式还是一些生产企业，它使用量比较大。还有一种就是我国一些专业的药材市场，它的交易量也是比较大的。其实现在我们很多种植比较大的地区，都有一些专业的合作社，专业合作社可以通过和药厂，或者是药材公司，或者药材买卖市场现场来签订供货协议，来保证产品能够正常的销售。因为药材和粮食作物不一样，它的价格波动是比较大的，所以现在一般还倾向于公司＋农户或者公司＋基地＋农户这种形式来进行生产。现在我们跟河北巨鹿有一些技术合作，他们在做一个网上的交易平台，可能是以后的一个发展方向。通过这种大宗的药材，这种网上交易，可以把一些产区的一些药材能够按照一定的价格销售出去，这样可以保证农民的比较合理的收入。

主持人：好的，非常感谢董学会老师上线来帮助咱农民朋友解答一些关于金银花栽培和加工方面的一些问题。

秋菜滞销的原因及解决办法

本期邀请到中国农业大学经济管理学院武拉平教授，请武拉平教授给大家介绍一下秋菜滞销的主要原因是什么？武拉平教授，主要从事农产品市场、粮食经济和农产品贸易的相关研究，主持国家自然科学基金、国家社科基金等课题数十项。英文学术期刊《China Agricultural Economic Review》副主编。发表学术论文200多篇，出版著作教材20多部。入选教育部新世纪优秀人才、北京市"四个一批"经济学理论人才。

主持人：武老师您好。请您帮助大家来分析一下导致秋菜滞销的原因主要有哪些？

农博士：蔬菜实际上和别的农产品也是类似的，它滞销肯定是种植的量比较大，就是供过于求，可能是总量上供过于求，也可能是区域性结构性的供过于求。比如地方可能是种了比较多的蔬菜，但是当地消化不了，也运不出去，也卖不掉，所以导致局部性的蔬菜供过于求。我觉得出现这种情况要通过一些营销渠道，来帮助菜农把菜尽量通过不同的方式销售出去。因为在种植决策之前可能是没有充分的信息，不了解当地的需求以及全国需求的特点，可能会导致出现这样的情况。

主持人：刚刚您提到一个非常重要的词"信息"。农民要了解市场信息，也要把自己的销售信息给传递出去。您看，河北农民朋友是通过微博来解决蔬菜滞销的问题，那这能给其他农民朋友哪些启示来帮助自己解决这个蔬菜或粮食滞销的一些问题呢？

农博士：实际上政府已经做了很多的工作，比如说举办一些地方特色的农产品展览会，尽量沟通产需，然后政府也引导产销对接，农超对接等。当然我觉得除了政府给大家提供这个帮助以外，更重要的还要依靠农民自己，依靠菜农自己，来解决这样的问题。也就是通过一些不同的手段，特别是一些新的手段，比如微博的方式，通过不同的网络平台，把我们产品产销的信息发布出去，让顾客能够买到我们的产品。这样的话我们的产品不至于出现这种滞销。一些地方特色的商品，还可以注册一些商标或者是一些地理标志，让全国的老百姓都知道，这样大家选择消费的时候也会有助于当地产品的推广、推销和销售。菜农自己也要提高营销意识，不断地增强营销的能力。

主持人：一旦出现了滞销的情况，除了利用咱们现在的网络媒体发布一些信息来扩大影响以外，那还有哪些具体的措施能够帮助农民朋友们很快地把滞销的信息发布出去呢？

农博士：分两个方面来说，一个就是现在农产品已经生产出来了，已经产生库存，在这样的情况下就需要采取各种广告的手段或者是通过政府的帮助，尽量把它销售出去。其中，很重要的一个渠道就是和一些食品加工企业去联系，可以作为它的加工原料，来消化这样一个过剩的产品。另一个方面就是我们应该避免这种过剩。避免过剩就是在生产的时候要有一个计划，做好计划，每家每户种植的时候有自己的一个计划，这个计划是通过用比较科学的信息的基础上做出来才是合理的。比如说假如预期蔬菜的价格要提高50%，那么农户还可能会增加蔬菜的生产，这就是农户的决策能力。我们要提高农户决策能力才能够避免以后出现这种市场的大起大落的波动。我想从这两个方面，一个是短期，一个是长远来看，可以在一定程度上缓解市场的波动，缓解供过于求，或者是供不应求，导致物价上涨的情况。

主持人：那农民朋友在农业生产、销售的过程中用哪些办法能够解决这种滞销的现象呢？

农博士：具体的措施，我想有这么几种方式。第一个措施就是通过大力发展合作社，通过合作社把农户组织起来，通过发展合作社来引导农民的生产，给农民生产决策提供参考。第二种方式是和一些龙头企业签订订单，就是我们所说的订单农业，我们在生产之前会有一个大致的订单合同，最后生产出来也不会出现大的问题。第三种方式是，政府也可以做一些工作，比如可以建立一个平台，通过一些网络，建立一个市场波动比较大的品种的调控平台，把出产区的信息、播种面积的信息、产量的信息放到平台上，把它的价格的信息甚至成本收益的信息都放上去，让老百姓自己了解更多的信息，从而做出一个更加科学合理的决策。

主持人：好的，感谢武拉平教授。

山药简化栽培、连茬栽培技术

本期邀请到赵冰教授介绍如何实现山药简化栽培、连茬栽培的相关技术。赵冰，中国农业大学蔬菜学系教授，曾主持天津市农业科技成果转化与推广项目，作为主要完成人获得2009年国家科技进步二等奖，这也是山药领域成果首次获得国家奖。

主持人：应该采收什么样的山药呢？

农博士：从采收山药的实际来说，全国有一个大概统一的标准，地上叶全部枯黄、枯萎时才能采收，这是采收的第一个时间段，持续的时间很长，一般来说从10月底到第二年的5月都可以收。如果要提前收的话是不行的，品质很差。虽然个头看起来都差不多，因为叶子

没有枯黄，营养没有转下去，所以品质差，口感也差。也不能储存，一储存就烂掉了。

主持人：为了实现连茬高效简化栽培，一轮采收之后还需要对土地进行哪些调整和处理呢？

农博士：种山药对土壤的要求相对来说是比较严格的，比马铃薯严格，必须是沙壤土，纯粹的沙土也还凑合，但是黏土肯定是不行。沙壤土的品质比较好，沙土品质不太好。现在土壤消毒方面没有太好的办法，种几年后这个地就不能种山药，最多种三年就不能种了。现在有的山药老产区没有办法，因为没有地方换。就只在同一块地上沟垄互换，就是今年种在沟里，明年种在垄上。这样的话也可以说是某种意义上的换地方。这样让地力也能得到一定的恢复，但是还是有后遗症。这种种法的山药收获以后腐烂率都比较高。土壤里的寄生虫、微生物太多了，病原菌多了。

主持人：因为没有机会进行土壤杀菌消毒？

农博士：实际上土壤消毒很难的，如果用农药的话会超标，也不允许。不用农药的话，现在物理的办法就是休耕或者种一些能够带有杀菌的作物，葱蒜类这些有一定的效果。

主持人：要留种的话，按照什么样的标准来保留块茎留种呢？

农博士：首先看地上作物的长势，注意出花以前，若长势很好，枝叶很茂盛且没有病虫害的，做上标记，主要是留地上和地下连接部的那一段。若想常年种植，保证质量，必须留山药豆。第一年把山药豆收上来以后种下去，第二年收上小山药，到秋天再把一二两重的小山药全部刨起来，储存起来再放置一年，再整个种下去，就能长出很好的大山药来，这个方法是最好的。

主持人：小山药应该怎么样来储存?

农博士：储存跟大山药是一样的，都是冷库储藏或者是沙藏。把山药埋起来，埋一层沙子，最上边一层沙子必须是湿的，保证水分，然后再盖上塑料膜，塑料膜上面再盖上秸秆或者锯末用来保温。

主持人：如果保留这种块茎留种的话，按照什么样的标准来保留呢?

农博士：如果是很长的山药，就是切段。横切的话，现在普遍一段8～10厘米。里面最靠近地面这一段是最好的。把种数切好以后，个头从长度来说不能少于8～10厘米，从重量来说50～80克。要是想高产的话，每一个种数要100克以上，另外要消毒。不消毒的话到土里就会烂掉。

主持人：好的，感谢赵冰教授，谢谢您!

生猪防疫过程中异常反应的应急措施

本期邀请到中国农业大学动医学院何伟勇老师为我们介绍生猪防疫异常反应的一些应急措施。

主持人：猪打了疫苗之后可能会出现体温升高的现象，如何鉴别哪些是异常的反应？鉴别出来之后又该如何治疗？

农博士：给猪群打完疫苗以后，正常情况下，如果疫苗合格或者注射计量方法得当，一般来讲猪群不会发烧。发烧的情况可能有几个原因：一个是针头污染，注射部位感染或者是操作不当，或是疫苗出现一些储存、使用不当的现象；第二个有可能就是猪本身状态不好，或者说它已经感染了，但还没有任何临床症状，在通过注射了大规模的免疫操作以后，可能会造成应激，可能会有轻微的发烧。正常情况下，不管注射的是灭活苗还是活苗，猪群一般来讲，做完疫苗以后除了感染不应该发烧。从感染这个角度来讲，常规的情况下，一般用比较低端的抗生素，比如青霉素、链霉素，再高档一点，恩罗沙星、卡那霉素，简单的药物治疗应该都没有太大的问题，复杂的话或者是暴发面比较宽的时候，比如打完了所有的猪都发烧，那要考虑疫苗的问题，如果说个别的猪发烧，那可能操作上没问题，考虑疫苗保存、使用和来源这些问题。

主持人：生猪打了疫苗之后，还有一种可能的反应就是免疫期间猪拉稀了，遇到这种情况养殖户又该怎么办？

农博士：拉稀是消化道感染导致的，或者说一直紧张可能会导致

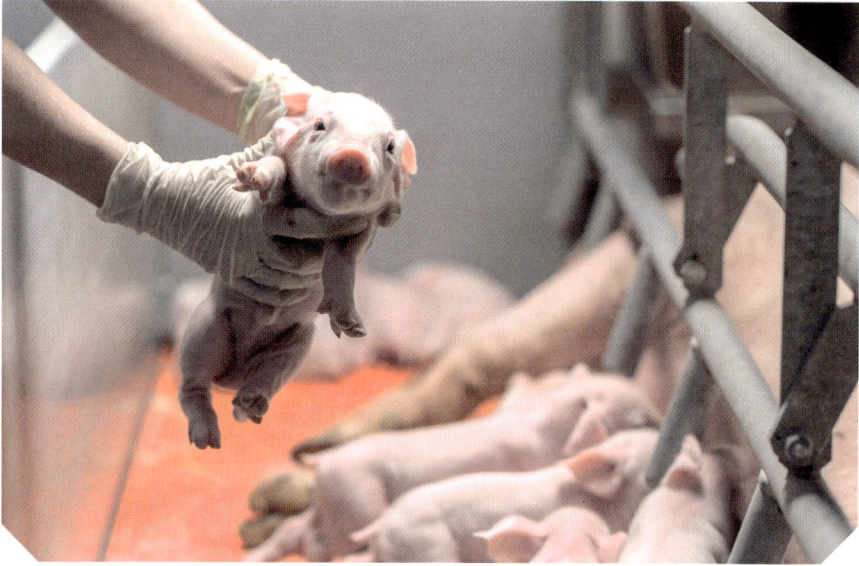

拉稀，但是这种情况都是一次性的很快就过去了，不会持续，这个时候就要考虑拉稀是不是猪群在打疫苗之前已经存在一些问题，不要简单地归因于打完疫苗导致拉稀，打疫苗是注射到猪的肌肉或者皮下，疫苗进入免疫系统以后，一般不会到肠道里面去，引起拉稀。如果猪是返回免疫的，尤其是小猪，可能会出现过敏或是抗药水平太高的情况，免疫的时机把握不当也会导致过敏，过敏的时候可能会出现一般性的拉稀，不会长时间拉稀，一般不用治疗，半个小时、一个小时以后会自动缓解。如果说是在打疫苗的时候已经出了感染状态，或者饲养管理不当或者环境的管理不当导致猪拉稀，这个时候最简单的方法，就是最好去调查一下导致拉稀的病因，导致拉稀的病因大概可以简单地分为两大块，一块是感染性的，一块是非感染性的，感染性的包括病毒性感染，比如经常讲的传染性胃肠炎、油性腹泻、轮状病毒。非病毒性感染就是细菌性感染，比如说大肠杆菌、沙门氏菌，还有其他的痢疾、寄生虫的感染。刚才讲的是感染性的三大块，还有非感染性的因素包括应激，比如温度的骤升骤降，打完疫苗之后转群，或者是打疫苗的时候猪受到惊吓，应激，这都可能会导致拉稀；还有一个就是水的温度过低，以及饲料的质量不达标等，都可能会导致拉稀。做一个临床兽医，应该首先去调查拉稀的真正原因，而不要简单归咎于我们打疫苗导致拉稀。

主持人：猪在注射疫苗之后引起了这种过敏的反应，虽然很少见，但是一旦发生，尤其病情急剧恶化后，有的很快会发生休克，甚至导致死亡，那么猪打过疫苗之后出现过哪些过敏反应，有哪些应急的处理办法？

农博士：一般的情况下就是注射疫苗的时候，有时候是疫苗本身的质量，或者生产工艺存在一些问题，包括我们自己免疫方法不当的时候，会导致母猪或者子猪体内产生大量的针对C疫苗的异物蛋白的抗体，当抗体进入猪体内以后会导致过敏，这个在临床上也出现过，每年都会见到，每年猪群会出现过敏的现象大概是在1/13左右。尤其是一些工艺比较复杂的疫苗，处理不当的时候，免疫可能诱发过敏，过敏的主要表现就是呼吸困难，全身发紫，哆嗦，站不稳，然后可能会自己摔倒，这是在临床方面常见的过敏反应。这个时候，如果采取措施不当的话，可能就会因为缺氧休克导致死亡。出现这种情况，为了补救猪群出现过敏导致的损失，最好在打疫苗的同时，准备一支肾上腺素或普尔敏，出现了过敏，比如猪呼吸困难、走路不稳、发抖、摔倒、口吐泡沫，这个时候就给它注射一支肾上腺素，问题就不大了。

主持人：有的猪在注射部位会出现肿硬块，属于一种正常的反应，一般来说经过五到十天就会自行消散。但是如果注射的部位发生感染化脓，应该怎样来应对和处理？

农博士：这个牵扯到多方面的问题，一个是疫苗本身的问题，特别是灭活苗使用不当、储存不当的时候会出现佐剂和疫苗分离，或者是吸收不良，这个时候会导致肿块的出现，这是一种可能性。还有一种可能性，就是大部分情况下，出现肿块和感染化脓往往是因为人的操作不当，比如牲口的污染、疫苗的污染导致的组织炎症化脓。出现这种现象的时候，就是局部的感染，刚开始的时候可以通过简单的热敷把它消散掉，如果说热敷消散不掉，出现了化脓现象，一般可以局部使用青霉素，用双氧水简单洗净后，喷一些冰片散，再喷一些抗生素，局部感染会很快治好。要注意：第一，在注射疫苗之前保持猪的体表干净；第二，保持圈舍的干净；第三，在操作时，猪养殖户、个体户或者兽医注射疫苗的时候要注意个人的卫生，尤其是洗手换工作服，准备酒精棉球，当手弄脏了之后要及时的清理，针头尽可能做到一头猪一个针头。确实很困难做不到的情况下，尽可能做到一窝猪，一头老母猪生的小猪，也就是十个猪，或者是一窝猪用一个针头，针头使用完，尽可能地分头进行清洗然后消毒，无菌保存。这些做到后，一般情况下注射部位出现感染化脓的机会会少很多。我们在注意疫苗的使用规范以外，更要注意控制我们情绪的波动，尽可能地不要带着情绪去做防疫，一般情况下把这几点做到以后，注射部位感染化脓的机会会少很多。

　　主持人：感谢何伟勇老师介绍猪注射疫苗时候的常见问题。

食品安全有机认证的重要性

本期我们邀请到中国农业大学发展管理系简小鹰教授来介绍一下有机食品。

主持人：简老师好！请教您一个问题，为什么有机食品价格会那么高？

农博士：按照严格的生产标准来进行生产的话成本本身就很高，操作管理需要的人工费用比较高，再加上有机食品产量比普通的食品要低一些，所以价格较高。

主持人：按照新版的有机产品认证的实施规则来种植或者养殖的有机农产品成本会高一些，会不会导致种植农户或养殖农户没有能力来承担这个成本的价格？

农博士：成本相对来讲是要高一些，但是作为普通的生产者如果按照严格的要求从生产这个角度是没有问题的。核心的问题出在销售环节，新版规定出台后，把各个环节进行了相应的规范，控制得比较严一些，就是说以前打擦边球的现象就会减少，利用所谓的高科技、所谓的新技术来拉高价格的这个环节就会被淡化，因此实际上成本相对要高一些，但是并不是想象的那么高，主要是高在人工方面，其实种子对成本没有太大的影响，主要是在管理和销售环节影响成本。

主持人：新版的有机产品认证规则在保护食品安全方面的意义是毋庸置疑的，农民在这方面能不能得到一些实惠呢？

农博士：这就看怎么来组织生产，一家一户的这种小规模生产很难接近市场。所以即使价格再高，一家一户要去获得这种效益也是非常困难的，在这种情况下我们提倡把农民组织起来，以一个地区为单位创造一种品牌，然后通过严格的认证管理，在市场上实现这种有机产品的价值。比如有能力组织农户来进行统一种植的食品生产企业或者合作社，由他们来进行统一的管理，对农民在种养环节上提供帮助和技术指导。我们强调的就是一定要按照这种现代农业的方式把农民组织起来，参与到市场里面去。

主持人：农民在这种方面得到的实惠会不会比他自己种养能够获得收益要高？

农博士：这里面最主要的还是一个市场问题，消费群体在什么地方？如果这些问题不确定的话，我们的生产没有太大的意义，尤其有机食品的生产成本比较高，如果没有把市场确定下来，那么实际上最后也卖不掉。

主持人：农民需要如何申请有机产品认证？程序是怎么样的？

农博士：这个可以有不同的操作形式，但必须是指定的认证机构来进行认证，这些机构要获得认证资格，需要向国家证监委进行申请。我国现在有认证资格的大概有30多家。农民可以自己找这些认证机构，来认证自己种植或者养殖出来的农产品到底是不是符合有机产品的认证资格。现在各省都有这样的机构存在，认证的要求也比较严格，要对整体的生产环境，包括空气、水有没有污染这些状况进行确认。认证完以后还需要三年的转换期，在三年之内不能够使用有机食品的标识，完成转换期以后才能够正式的推向市场。

主持人：感谢简小鹰教授关于食品安全有机认证方面知识的科普。

无公害农产品栽培过程注意事项

本期我们邀请到董明老师为我们介绍安全食品金字塔结构当中最底层的无公害农产品。董明老师是中国农业大学农学与生物技术学院有机农业技术研究中心教师，主要从事安全农产品生产领域的教学科研工作，主编国家级规划教材《有机农业导论》，参与了农产品安全生产以及有机果品生产等北京市地方标准的制定。

主持人：董老师，您好！无公害农产品在栽培过程中的要求是什么？

农博士：栽培包括生产、养殖等环节，就是在什么环境条件下进行生产，如何选择基地，怎样进行栽培等，这些在无公害的标准里都有明确的要求，所以谈到栽培过程的要求，必须首先了解一下无公害农产品的标准体系。简单来说，无公害农产品的标准体系大概分两类，一部分是通则类的标准，还有一部分是产品类的标准。通则类的标准是整体通用的标准，它包括产地环境条件标准、生产技术规范和认证管理规范。比如说准备种蔬菜，那么大家首先应该找到无公害食品蔬菜产地环境条件标准，就是农业农村部NY5010标准，这个标准规定了如果种无公害蔬菜，那产地环境必须要达标，选择这样的基地生产的产品才能进行认证，这是一个通则类的标准。

一般来说同一种产品通常包括一个产品类的标准，还有一个生产技术规程类的标准。产品类的标准就是最终生长出的无公害产品应该满足什么要求。满足这个要求就达标了，这里基本包括两大部分最关键的内容，一个就是感官要求，比如整齐度，有没有机械伤，有没有外伤、冻伤、损伤这一类的。另外一个就是卫生标准，包括农残含量、重金属的含量。比如无公害韭菜要达到整齐度要大于80%，枯梢小于两毫米，无异味等标准，这是感官标准；然后还有六六六、敌敌畏含量要小于0.2毫克/千克等，这是卫生标准。

主持人：无公害农产品在喷洒农药，还有在使用化肥时一般都要注意哪些问题呢？

农博士：关键就是要看产品类标准还有生产技术规程类的标准。生产技术规程类的标准就是整个栽培过程里生产者的一个技术指南，它详细规定了比如品种如何选择、种子如何处理、如何施肥、病虫害防治、收获等，目前大概有1 000余种，基本涵盖了常见的初级农产品。生产技术类规程一般会有附录。一般来说附录a就是生产这种产品禁止使用的农药名单，是黑名单，名单里的药一定不能用，用了就不达标。附录b里都是允许使用的农药，但是每一种农药都详细列出了常用药量、最高用药量、施药方法、单季最多施药次数、安全间隔期等这些技术指标。比如想种无公害韭菜，那么生产技术规程类的标准就看NY/T5002——无公害食品韭菜生产技术规程，注意看附录里要求甲拌磷（3911）、甲基对硫磷（1605）、氧化乐果、克百威、氯化苦、六六六、滴滴涕等都是附录里面的黑名单，禁止使用。附录b里辛硫磷等可以使用，但是这里规定了每亩最高用量不能超过76毫升，而且使用方法要灌根，每个生长季最多只能使用两次。

主持人：谢谢董老师对无公害种植、栽培的时候需要注意问题的介绍。

循环农业的好处

本期邀请到中国农业大学教授博士生导师李季谈一下循环农业的价值。

主持人：李教师好，您能不能举一些例子，谈谈循环农业能给农民带来哪些好处？

农博士：循环农业简单讲就是把农业生产过程包括农产品加工过程中产生的废弃物利用起来。因为这些废弃物里含有很多养分，而且这些废弃物大都是从土地来的，处理完以后再回到土地，这样就完成了一个循环。

主持人：农民平时的生产过程中，有哪些废弃物还能够再重新利用？

农博士：有机肥农业大部分都是有机的废弃物，包括秸秆和养猪场的细菌粪便、生活垃圾里的有机部分以及大量的农村加工厂，比如酒厂、糖厂、味精厂等都会产生这些废弃物。

主持人：这些农业的废弃物又应该怎样被利用？

农博士：主要有几条途径：一条途径是好氧堆肥，利用好氧的微生物把废弃物处理以后转换成一种类似肥料或者是土壤调理剂的产品。第二条就是厌氧消耗，大家知道的是沼气，厌氧的情况下通过微生物把废弃物转换成沼气、沼渣、沼液。生产上用的是干化，就是通过烘干或者是自然干化的办法脱水，就可以循环再利用了。大概是这三条途径。

主持人：您了解的农业废弃物产品有哪些呢？

农博士：刚才提到的通过三种处理途径，产生的产品还是比较多的，比如可以做肥料可以做饲料，可以做育苗的机子，蘑菇的培养料也可以通过发酵作为种蘑菇的培养料，还有好多，比如土壤修复等。

主持人：据您了解这些产品销路怎么样？

农博士：因为废弃物的处理实际上是环保事业，不处理它就造成环境污染，所以物料好用的，使用价值好的，像水分低的营养价值高的，这种就好销。比如糖厂产生的糖蜜价格就很好，一直在上涨。但是像猪粪水分含量很高，处理起来也难，要处理成肥料销售起来就有点难度，可能需要国家给一些补贴，处理后可能会有好的销路。循环农业包括废弃物的处理，实际上是农村新的环保产业的一部分，农民可以来把它作为一个新的创业创收的机会。通过它既可以增产增收，还可以环保，把这些废弃物处理以后周围的农村的环境也会变得好起来，还会有很好的经济和环境效益。

主持人：现在的农业生态资源消耗过大，也面临着环境污染。党的十八大也提出了要大力推进生态文明建设，着力推进绿色发展、循环发展，给农业留下更多良田，给我们的子孙后代留下天蓝地绿水净的美好家园，这也为农业循环经济的发展指明了新的方向，再次感谢李季教授。

后　记

科学技术是第一生产力。这一著名论断的提出不仅仅是对过往历史的总结，更是对未来社会的期望。从工业革命开始，科技推动社会发展已成为举世公认的真理，它在潜移默化中深刻地改变着世界的前行轨道。如今，我们所熟知的传统习俗正在被不断革新的科技猛烈冲击，新一轮科技革命彻底改变着人类的生活。当今社会正面临百年未有之大变局，科技必将在其中发挥更为重要的力量。

作为"四大文明"诞生地的中国，我们遗憾地错过了很多次历史的机遇，社会的发展也许未必取得预期的结果。但具有坚韧性格的我们执着前行，对科技的追寻推动着中华民族的不断进步。特别是随着中国特色社会主义进入新时代，人民日益增强的物质文化生活需求对科学知识、科学精神、科学思想和科学方法提出了新的挑战和新的要求，如何满足高端需求的同时，让更多的人接受科学知识、认可科学道理就成为一个重要的挑战。在这方面，高等院校具有着先天的优势。

高校工作者肩负三大职责：科学研究、培育人才和服务社会。在这方面，科普工作能实现三者的有效结合，它既是科学研究成果的现实转化，也是"把论文写在大地上"的有效途径，能够教育提升广大公众的科学素养。历经百年世纪风雨的中国农业大学以服务人类营养与健康为使命，以服务国家农业科技重大需求和国际学术前沿为导向，开展高水平科学研究、社会服务和文化传承与创新。既有在世界居于领先的高水平的科学研究，更有面向社会大众的农业科技培训和服务，在推动科学进展的道路上行稳致远。

中华民族的复兴不能寄托于一代人，需要一代一代人的不断地薪火相传。科技的发展同样需要创新与传承，需要师生之间"润物细无声"的传播。中国农业大学高度重视学生在科技传承与传播中的重要作用，支持与鼓励学生将所学所用实践在祖国大地上，而不仅仅是用在书斋中。2012年，中国农业大学党委研工部与中央人民广播电台"中国乡村之声"栏目联合打造了"农博士在线"栏目，随后创新拓展出了"农博士"电话热线、"农博士在身边"、"农博士帮帮团"和产学研实践基地建设等多方位服务平台。同学们在教授们的指导下，以简单易懂的形式推动了科学技术下潜到了乡土社会。

新冠疫情期间，我们依托"农博士在线"平台，适时推出的"农博士微课堂"更是荣幸地入选了学习强国平台，受到中央广播电视总台央视频道2020年"云充电"公益项目致谢。《"微课堂"强化思政育人 "云科技"助力复耕生产》宣传片被北京市重点推荐参评全国高校"共抗疫情 爱国力行"主题宣传教育和网络文化成果100个精品案例。"农博士在线"系列活动在社会中产生了积极的影响。

本书是对"农博士在线"一个阶段工作的总结。书中绝大多数内容由学生根据个人所学进行编撰或者回答，仅代表了个人的观点。里面所呈现的内容既有当今社会的热点焦点，也有一些内容可能与时代有所疏离。但正如科普所展现的服务大众的目的和我们的使命，我们在不同时期都在回应着社会的需求。需要特别指出的是，书中必然会有一些内容借鉴了其他专家的观点，对这样的内容我们做了注释，但能力和精力所限，很难避免其中的疏忽，也许有些内容或者引用的图片没有及时的注明，也请相关作者予以告知，我们将在再版时予以补充完善。但无论如何，我们本着为社会、为大众服务的公益心是一如既往的，我们推动科学普及的责任心也会是坚持不变的。

本书所收录仅为部分内容，更多内容在陆续整理中。此外，由于涵盖时间较长，很多内容是在录音稿的基础上转换的，也难免存在缺失，敬请指正。同时，由于本书是近些年来的合成，一些老师的工作可能已经发生了变化，书中未做及时修改调整的也敬祈谅解。

本书稿中的撰写者大多已经毕业，在祖国各地推动乡村振兴战略的实施中贡献着自己的力量，我们相信有服务民众、造福人类信心决心的莘莘学子必将用自己的所学所长为中华民族的伟大复兴贡献出自己的力量。

感谢校领导、各部门对"农博士在线"的支持，感谢中央广播电视总台中央人民广播电台"中国乡村之音"栏目对"农博士在线"的支持！感谢各位老师同学为完成书稿的努力；感谢中国农业出版社编辑为本书出版付出的艰辛。

农博士在线！

农博士一直在线！

图书在版编目（CIP）数据

教民稼穑：农博士带你走近科学：中国农业大学
"农博士"教你健康生活 / 社会实践丛书编委会编. —北
京：中国农业出版社，2022.3
（中国农业大学研究生社会实践系列丛书）
ISBN 978-7-109-29166-9

Ⅰ.①教… Ⅱ.①社… Ⅲ.①农业技术 – 问题解答
Ⅳ.①S-44
中国版本图书馆CIP数据核字（2022）第033839号

教民稼穑：农博士带你走近科学
JIAOMIN JIASE：NONGBOSHI DAINI ZOUJIN KEXUE

中国农业出版社出版
地址：北京市朝阳区麦子店街18号楼
邮编：100125
责任编辑：闫保荣
责任校对：刘丽香
印刷：北京通州皇家印刷厂
版次：2022年3月第1版
印次：2022年3月北京第1次印刷
发行：新华书店北京发行所
开本：700mm×1000mm 1/16
印张：21
字数：260千字
定价：98.00元